湿地保护知识

大众版

编　审：张令峰

主　编：周小春　吴孝兵

副主编：李海峰　王明胜　刘东冬

安徽师范大学出版社

ANHUI NORMAL UNIVERSITY PRESS

·芜湖·

图书在版编目（CIP）数据

湿地保护知识：大众版 / 周小春，吴孝兵主编．—芜湖：安徽师范大学出版社，
2023.11

ISBN 978-7-5676-6192-9

Ⅰ．①湿… Ⅱ．①周… ②吴… Ⅲ．①沼泽化地—自然资源保护—中国 Ⅳ．①
P942.078

中国国家版本馆 CIP 数据核字（2023）第 090829 号

湿地保护知识 大众版

周小春 吴孝兵 ◎ 主 编

责任编辑：童 睿

责任校对：夏珊珊

装帧设计：张德宝

责任印制：桑国磊

出版发行：安徽师范大学出版社

芜湖市北京中路2号安徽师范大学赭山校区

网 址：http://www.ahnupress.com/

发 行 部：0553-3883578 5910327 5910310（传真）

印 刷：安徽芜湖新华印务有限责任公司

版 次：2023年11月第1版

印 次：2023年11月第1次印刷

规 格：787 mm×1092 mm 1/16

印 张：6

字 数：110千字

书 号：ISBN 978-7-5676-6192-9

定 价：48.00元

凡发现图书有质量问题，请与我社联系（联系电话：0553-5910315）

前　言

　　湿地不但为人类的生产、生活提供多种资源，而且具有巨大的生态功能，在抵御洪水、调节气候、涵养水源、降解污染物、应对气候变化、维护全球碳循环与保护生物多样性等方面有着不可替代的作用，被誉为"地球之肾"。湿地、森林、海洋并称为全球三大生态系统。湿地具有类型多样、分布广泛的特点，是人类重要的生态环境和资源资本，与人类生产生活和社会经济发展息息相关。然而，湿地生态系统又十分脆弱，容易受到伤害和破坏。

　　保护湿地是全人类的共同责任。1971年2月2日，18个国家在伊朗拉姆萨尔签署了《关于特别是作为水禽栖息地的国际重要湿地公约》（简称《湿地公约》）。中国高度重视湿地保护工作，于1992年正式加入《湿地公约》。2022年6月1日起，施行《中华人民共和国湿地保护法》。2022年，合肥市成功创建国际湿地城市。为加强湿地保护宣传，安徽省林业局组织编写出版"湿地保护知识系列"科普读物。本书为其中的《湿地保护知识　大众版》，内容包括"湿地基础知识""安徽湿地""湿地面临的威胁""湿地保护"4章，旨在让社会大众进一步认识湿地、关注湿地、走进湿地、珍爱湿地，参与湿地保护事业。

　　本书编写过程中，张宏、徐文彬、王雪峰、袁春虎、黄坤、曹青青、柏晶晶、吴静林、管文华、李国峰、赵修云、何保平、朱元元、殷辉、朱涛涛、赵春、刘天宝等提供了相应自然保护区和湿地公园图文资料，在此一并表示诚挚的感谢！

　　由于编者水平有限，书中不妥之处在所难免，敬请读者批评指正。

编　者

2023 年 10 月

目 录

第一章
湿地基础知识

第一节　什么是湿地

湿地,经常在各类新闻媒体上被提及。然而,对于这个耳熟能详的词,你对它有多少了解呢?

湿地的概念

湿地几乎遍布世界各地,但是人类真正认识湿地只有近半个世纪。近一个世纪以来,国内外许多学者先后从不同的角度、不同的研究目的以及不同的国情,对湿地作出不同的定义。湿地(Wetlands)的中英文原意都是指过度湿润的土地。对湿地从其特征方面进行描述就可以形成湿地的概念。

美丽的湿地

　　《湿地公约》给出了湿地的定义,即"湿地是指不论其为天然或人工、长久或暂时性的沼泽地、泥炭地或水域地带,带有静止或流动的淡水、半咸水或咸水体,包括低潮时水深不超过6米的海域"。《湿地公约》对湿地的定义是比较权威的,几乎所有缔约国都参考或直接引用《湿地公约》中关于湿地的概念。我国也采用这个概念。《中华人民共和国湿地保护法》中对湿地的定义:湿地,是指具有显著生态功能的自然或者人工的、常年或者季节性积水地带、水域,包括低潮时水深不超过六米的海域,但是水田以及用于养殖的人工的水域和滩涂除外。

　　中国是全球湿地类型最齐全的国家之一,涵盖《湿地公约》定义的所有湿地类型,包括近海与海岸湿地、河流湿地、湖泊湿地、沼泽湿地和人工湿地等。中国湿地面积约 5634.93 万 hm²,总面积位居世界第四,亚洲第一。

沼泽湿地

近海与海岸湿地

湖泊湿地

河流湿地

湿地公约

　　《湿地公约》)是世界上第一个政府间多边环境公约,也是目前为止湿地保护领域最重要、最权威、最具影响力的国际公约。

1960年，瑞士人卢克·霍夫曼得到世界自然保护联盟（IUCN）的资助，开展"制定有关湿地保护及管理的国际性计划"项目，湿地与鸟类等相关国际组织参与该项目研究。此后，在苏格兰、荷兰、法国、苏联等国家相继召开了以湿地保护为主旨的政府间会议，在国际社会层面加速了湿地保护进程。特别是1962年在法国召开的会议为《湿地公约》的形成打下了坚实的基础：会议建

《湿地公约》的标志

议编制国际重要湿地名录，并提出把国际重要湿地名录作为湿地公约基础的建议。这一时期，得到国际公认的、做出突出贡献的是瑞士的卢克·霍夫曼、英国的杰弗里·马修斯以及伊朗的阿斯甘迪·贝鲁斯等人；积极推进湿地保护进程的非政府组织有国际水禽与湿地研究局（IWRB）、世界自然保护联盟（IUCN）、国际鸟类保护委员会（ICBP）等。

1971年，通过的《湿地公约》文本为湿地保护的国家行动和国际合作提供了最初、最基本的框架，促进了湿地保护和管理。伊朗作为会议东道国，宣布提供一处重要湿地与适当的国际组织共同管理，成为为全人类利益保护湿地和经营湿地的榜样。

中国于1992年加入湿地公约组织。国家林业和草原局负责湿地资源的监督管理，包括湿地保护规划和相关国家标准拟定、湿地开发利用的监督管理、湿地生态保护修复工作等，负责《湿地公约》履约的具体工作。

第二节　湿地与人类文明

纵览古今，人类的文明发展史与湿地息息相关。世界上许多著名的河流湿地都是孕育人类文明的摇篮。在生产力极端低下的远古时代，人类的社会活动受到自然条件的严重制约，因而人类的祖先只能选择气候适宜、水源充沛和土地肥沃的地区从事耕作生活并建立聚居区。正是因为湿地的存在才孕育并催生了埃及、巴比伦、古印度和中国四大古代文明，湿地见证了人类文明的发展和历史的演变。

埃　及

埃及的尼罗河被埃及人敬称为"母亲河"。每当尼罗河洪水泛滥后,都会给河谷两岸带来一层厚厚的淤泥,从而使河谷地区的土地变得极其肥沃。古希腊作家希罗多德在其著作《历史》中写道:"那里的农夫只需等河水自己泛滥出来,流到田地上灌溉,灌溉后再退回河床,然后每个人把种子撒在自己的土地上,赶猪上去踏进这些种子,此后便只是等待收获了。"经河水泛滥所形成的淤泥型河谷湿地,不仅为尼罗河沿岸的农业发展创造了得天独厚的条件,还孕育和造就了古代埃及天文学、数学、哲学、医学、建筑学以及美容等方面的辉煌。

巴比伦

美索不达米亚平原是世界上最著名的湿地之一,由幼发拉底河和底格里斯河共同冲击而形成。在希腊语中,美索不达米亚的意思是"两河之间的土地"。在这块著名的湿地上,苏美尔人建立了古巴比伦王国,创造出灿烂辉煌的古巴比伦文明。继苏美尔人后,阿卡德人在这里建立古亚述帝国,和苏美尔人共同创造了著名的两河流域文明。如果没有两河流域充沛的水资源和富饶的湿地资源,美索不达米亚人就无法去灌溉农田、建设城市,绚烂的文明之花就不会绽放在这片土地上,世界七大奇迹之一的空中花园也不会出现在历史的记录中。

古印度

南亚的德干半岛,古时候便是森林密布,湖泊纵横,土地非常肥沃。流经德干半岛的印度河和恒河把高原上肥沃的土壤带到下游沉积起来,形成富饶的印度河平原、恒河平原和三角洲。在这广阔的沃野上,人们利用便利的水源条件生产劳作,随着时间的推移这里逐渐成为一个人口集聚、文化发达的地区。印度人民尊称恒河为"圣河"和"印度的母亲"。除了滋养土地和哺育人民外,恒河和印度河还为大宗货物,如粮食和建筑材料等的运输提供了便利条件,进一步促进了古印度文明的发展。

中　国

古老的黄河和长江共同孕育了中华民族,我们的祖先依傍这两条河流繁衍生息并创造了辉煌灿烂的中华文明。据考古发现,黄河与长江流域在旧石器时代就有人类活动的足迹。据《吕氏春秋》记载,古代中国有"十薮",大多分布在黄河中下游地区。充足的河流水资源和两岸肥沃的土地为农牧业的发展提供了得天独厚的条件。从殷商时期到北宋年间,黄河流域一直都是中国的政治、经济和文化中心。长江是中国的第一长河和流域面积最广的河流,干流全长超过6300 km,流域面积多达180万 km²,约占中国版图的五分之一。据考古发现,大溪文化、河姆渡文化、马家浜文化是长江流域远古文明的代表。在距今2万年左右,长江流域及以南地区进入农耕文明时期。在历经北人南来三次大移民后,长江流域逐渐成为中国的经济重心和文化重心。中华民族的文明史,就这样随湿地而起源发展,伴随着汩汩的流水声传承延续到今天。

湿地不但哺育了世界四大古代文明,而且几乎所有古文明的起源都与河流、滨海湿地密切相关,如台伯河滋养了古罗马文明,爱琴海孕育了古希腊文明,红海哺育了阿拉伯文明,墨西哥湾诞生了玛雅文明等。另外,欧洲的许多国家如英国、法国、德国、挪威、芬兰、瑞典等,也都是紧邻湿地发展起来的。

作为人类文明高度集中的体现,世界上许多著名城市大都出现在大河的交汇处或河流的入海口,如曼谷、威尼斯、维也纳、哥本哈根和阿姆斯特丹等。这些政治、经济和文化中心本身就是在湿地上建造和发展起来的,因此有的历史学家称湿地为"历史的哺育之地和教养之家"。

湿地用它丰富的动植物资源滋养了人类早期的渔猎文明,用浅水区沉积的肥沃土壤和浅海带来的鱼盐之利滋润了农耕文明。在今天,我们仍称黄河为"母亲河",这也体现了我们与湿地的依存关系。

第三节　湿地的功能

湿地不但类型多样、景色迷人,而且拥有功能强大的"秘密武器"。湿地的这些"秘密武器",无时无刻不在发挥着作用,为人类的生产和生活提供多种多样的服务和支持。

秘密武器之一——"饮水机"

居民生活用水、工业生产用水和农业灌溉用水常来源于湿地。溪流、河流、池塘、湖泊中都有可以直接利用的水源，一些泥炭沼泽中的水也可以成为浅水水井的水源。如董铺水库、大房郢水库是安徽省合肥市主要的饮用水源地。

合肥董铺水库

秘密武器之二——"储备库"

湿地是庞大的"储备库"，一方面，给人们提供肉蛋、鱼虾、蔬菜和水果等食品；另一方面，还供给木材、药材、泥炭、薪柴等多种原材料和能源。例如，从山区到沿海，依次可以发现丰富的药用植物资源、泥炭资源、芦苇资源、盐碱资源和鱼类资源等。

"储备库"——湖泊湿地

尤其是湿地中种类繁多、营养丰富的鱼类，是人类重要的食物。由于我国大部分河流湿地、湖泊湿地和海岸湿地，水温适中，光照条件好，水生生物资源丰富，为鱼类提供了丰富的饵料，所以鱼种类多，经济价值高。

秘密武器之三——"空调器"

湿地有大面积的水面、植被和湿润土壤。湿地具有"空调器"的功效：水面、土壤的水分蒸发和植物叶面的水分蒸腾，使得湿地与大气之间不断进行广泛的热量交换和水分交换，在增加局部地区的空气湿度、调节气温以及降低大气含尘量等气候调节方面具有显著的作用。

秘密武器之四——"净化器"

湿地拥有强大的水体净化功能，具有滞留沉积物、营养物和降解有毒物质的功能。湿地的水体净化功能依赖于水中生长的各种挺水、浮水和沉水植物，浮游生物以及微生物等各种生物。湿地通过物理过滤、生物吸收与分解、化学合成与分解作用等过程，将进入湿地的污水和污染物中的有害有毒物质降解或转化为无毒无害的物质，减少经湿地流向下游水体有害物种的数量，达到净化水体的作用，因此湿地也被誉为"地球之肾"。

沉水植物——苦草

人类利用湿地这种"武器",将一些湿地用作小型生活污水处理地,大大改善了水体的质量,保障了人们的生活和生产用水安全。

秘密武器之五——"缓冲器"

湿地是一个巨大的蓄水库,可以在暴雨和河流涨水期储存过量的降水,再缓慢地释放出来,不仅能减弱危害下游的洪水,还能在旱季为我们提供水源。中国最大的淡水湖鄱阳湖,调蓄量占长江大通站洪量的百分比不小于20%。环巢湖十大湿地蓄洪量达2.3亿 m³,为保护安徽省合肥市的城市安全发挥重要作用。

滨海湿地的植被如红树林,可以防止自然力(海啸、风暴潮等)对海岸的侵蚀和破坏。例如,50 m宽的白骨壤林带,可使1 m高的波浪减至0.3 m以下,使林内水流速度仅为潮水流速的1/10。

红树林

湿地的"缓冲器"功能,有效地保障了人类生命和财产安全,因此保护湿地就是保护人类自身安全。

秘密武器之六——"生态园"

湿地不仅是植物生长的理想场所,还是鸟类、鱼类和两栖动物繁殖、栖息、迁徙和越冬的乐园。存储于湿地中的水,为维持湿地植物的生长和代谢提供了良好的物质条件,湿地植物又为湿地动物提供了丰富的饵料。因此,湿地养育了高度集中的鸟类、哺乳类、爬行类、两栖类、鱼类和无脊椎物种,也是植物遗传物质的重要储存地。很多珍稀水禽的繁殖和迁徙离不开湿地,因此湿地也被称为"鸟类的乐园"。

安徽湿地维管束植物有682种,其中属国家重点保护的有中华水韭、莼菜、水蕨、野菱等。安徽湿地脊椎动物有598种,其中属国家重点保护的有白头鹤、白枕鹤、东方白鹳、扬子鳄和长江江豚等。由此可见,湿地是重要的物种基因库,保护湿地对维护安徽省生物多样性和保护珍稀濒危物种具有重要意义。

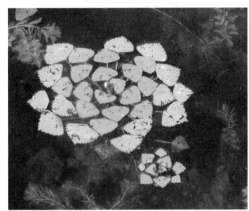

野　菱　　　　　　　　　　　　　长江江豚

秘密武器之七——"搬运机"

湿地还有强大的搬运功能。一方面通过水体的流动,湿地将营养物质从上游搬移和输运到下游地区,为下游动植物提供丰富的饵料和营养;另一方面,湿地的开阔水域为航运提供了条件,让航运变得便捷、低廉,这为沿海沿江地区的经济发展提供有力支持。许多城市依水而建、因水而兴就是依据湿地这一功能。

秘密武器之八——"调节器"

湿地既是气候变化的调节器,又是气候变化的指示器。湿地与气候变化之间的关系是相互影响、相互作用。湿地作为温室气体的储存库、碳源和碳汇,在缓解气候变化方面发挥着重要作用:一是在温室气体(尤其是碳化合物)管理方面,二是在物理上缓冲气候变化影响方面。同时,气候变化对湿地的功能、面积和分布也产生重要影响。

泥炭地、红树林和海草储存了大量的碳,是地球上最有效的碳汇。湿地特别是泥炭地,在有效缓解温室效应、应对气候变化方面发挥着不可替代的作用。湿地植物通过光合作用将大气中的二氧化碳固定为有机质。因此,湿地的消长会影响大气中温室气体含量的变化,进而影响全球气候变化的态势与速度。据估计,尽管湿地面积仅占全球陆地面积的6%,但储存有约占全球陆地碳库35%的碳。其中,占全球地表面积仅3%的泥炭地存储了30%的陆地碳。在距今约两万年前,第四纪冰川消退,森林慢慢生长之后,在长期稳定的地质地貌、土壤表层水或过湿的环境中等,开始形成泥炭地,其碳库是全球森林生态系统碳库的2倍。在当前全球森林资源总量不断减少、工业减排仍将持续面临巨大压力的情况下,发挥湿地调节气候功能显得尤为重要。

秘密武器之九——"指示器"

在湿地影响气候变化的同时,气候变化又对湿地产生了重大影响。这些影响主要包括水循环变化对内陆湿地的影响,海水温度升高、海平面上升对沿海湿地和珊瑚礁的影响,以及其他气候变化对与湿地相关的农业生产的影响,同时也包括由于气候变化影响人类活动进而产生的间接影响。许多湿地类型是全球气候变暖的"指示器",如红树林、珊瑚礁、泥炭层湿地等。湿地影响气候,是气候的"调节器";气候也影响着湿地,湿地是气候变化的"指示器"。

以上是湿地的"九种武器",但是湿地的"武器"远远不止这些,它还有许多"秘密武器"正在发挥作用,为人类服务。湿地对人类如此重要,我们要采取行动保护湿地。

第四节 湿地日

世界湿地日

为了提高人们保护湿地的意识,1996年3月《湿地公约》常务委员会第19次会议决定,从1997年起,将每年的2月2日定为"世界湿地日",每年确定一个主题,并开展宣传活动。1997年以来历年"世界湿地日"主题,如下表所示。

历年"世界湿地日"主题

年份	主题
1997	湿地是生命之源
1998	湿地之水,水之湿地
1999	人与湿地,息息相关
2000	珍惜我们共同的国际重要湿地
2001	湿地世界——有待探索的世界
2002	湿地:水、生命和文化
2003	没有湿地,就没有水
2004	从高山到海洋,湿地在为人类服务
2005	湿地生物多样性和文化多样性
2006	湿地与减贫
2007	湿地与鱼类
2008	健康的湿地,健康的人类
2009	从上游至下游,湿地连着我和你
2010	湿地、生物多样性与气候变化
2011	森林与水和湿地息息相关
2012	湿地与旅游
2013	湿地与水资源管理
2014	湿地与农业
2015	湿地:我们的未来
2016	湿地与未来:可持续的生计
2017	湿地减少灾害风险
2018	湿地:城镇可持续发展的未来
2019	湿地:应对气候变化的关键
2020	湿地与生物多样性:湿地滋润生命
2021	湿地与水:同生命互相依
2022	珍爱湿地　人与自然和谐共生
2023	湿地恢复

随着时间的推进,人类不断意识到湿地对自身的重要性,于是不断完善《湿地公约》,以此来保护仅存的湿地资源。身为大众一员,在了解湿地保护发展的历程之后,你有什么新的感触呢?

安徽湿地日

为了开展经常性的湿地保护宣传教育,普及相关法律法规和科学知识,增强大众湿地保护意识,《安徽省湿地保护条例》规定每年的11月6日为"安徽湿地日"。水鸟是湿地生态系统健康状况的重要指示物种,安徽省沿江湿地是冬候鸟的重要越冬地,沿淮湿地是迁徙候鸟的重要停歇地。每年11月至翌年2月,大量水鸟集中稳定地在安徽省多处湿地越冬,但此时湿地多处于较低水位,也是非法猎捕水鸟的易发期。

候鸟的天堂

将"安徽湿地日"设在水鸟集中越冬较稳定的初期,能够增强宣传教育的时效性、针对性,提高社会对湿地保护的关注度,有效制止破坏湿地资源的行为。"安徽湿地日"每年一个主题,已成为安徽湿地保护宣传的特色品牌。历年"安徽湿地日"主题如下表所示。

历年"安徽湿地日"主题

年份	主题
2016	湿地——我们赖以生存的家园
2017	湿地与生态健康
2018	湿地与文化
2019	湿地与候鸟
2020	湿地与水调节
2021	湿地与碳汇
2022	湿地与城市共生
2023	珍爱湿地,促进人与自然和谐共生

第二章
安徽湿地

　　安徽湿地具有类型众多、形成方式多样等特点,除淮北平原有部分盐碱湿地外,其他皆为内陆淡水湿地。全国七大水系中的长江、淮河穿境而过,新安江发源于皖南,水量充沛,由此安徽多江河支流和湖泊湿地。

　　安徽湿地总面积 160.37 万 hm^2,其中,河流水面 29.62 万 hm^2,湖泊水面 33.66 万 hm^2,水库水面 11.41 万 hm^2,坑塘水面 51.41 万 hm^2,沟渠 29.50 万 hm^2,内陆滩涂 4.74 万 hm^2,灌丛沼泽 0.01 万 hm^2,沼泽地 0.02 万 hm^2。

第一节　安徽湿地的分布

河流湿地

一、长江流域

　　长江自湖北省黄梅县段窑下进入安徽,流经安庆、池州、铜陵、芜湖、马鞍山五市,在和县乌江口进入江苏省。长江安徽省境内长 416 km。长江安徽段较大一级支流水系有 19 个,皖西南长江北岸有华阳河、皖河、菜子湖(长河)、白荡湖(罗昌河)、陈瑶湖(横埠河)水系,南岸有尧渡河、黄湓河、秋浦河、白洋河、九华河、大通河、荻港河及鄱阳湖上游龙泉河、南宁河(大洪水)等 14 个水系。这些水系中以华阳河、皖河水系较大,其次为菜子湖(长河)、秋浦河水系;皖中有巢湖(裕溪河)及滁河 2 个水系,是安徽长江流域水系最少、径流量较少的一个区;皖东南有青弋江、水阳江、漳河等 3 个相串通的水系。

二、淮河流域

　　淮河发源于河南省桐柏山,流经河南、安徽、江苏,经洪泽湖由三江营入长江,为我国东部南北方的天然分界线。淮河安徽段长约 418 km,流经阜阳、六安、淮南、蚌埠、滁州等市。

淮河流域北岸自西向东有谷河、润河、颍河、西淝河、茨河、涡河等支流汇入淮河干流。涡河以东的北淝河中游、澥河、浍河、沱河等,1953年峰山切岭后,内外水分流,直接流入洪泽湖。淮河南岸有史河、汲河、淠河、东淝河、窑河、池河诸水依次汇入淮河,天长市的白塔河、铜龙河直接流入高邮湖。

三、东南诸河流域

新安江为钱塘江上游,其来源于两大支流,北支为横江,源于黟县五溪山主峰白顶山;南支称率水,为新安江正源,发源于休宁县五龙山脉的六股尖。两支在屯溪区黎阳汇合后称渐江,接纳歙县练江水后称新安江,在歙县街口入浙江省新安江水库。新安江安徽省境内长约242 km。新安江北岸上游有丰乐水、富资水、布射水、杨支水等较大支流,呈扇状分布,在歙县太平桥上游汇合后称为练江,注入新安江;南岸上游主要有珮琅溪、桂溪、小洲源、濂溪、街源等。歙县至街口之间还有棉溪、昌溪、大洲源、太平源诸水直入新安江。新安江流域地处皖南山区,河网密度位居全省之首,河流多源短流急,坡度大,落差大,其流域面积仅占省总面积的4.6%,但径流量却占全省的10.3%,蕴藏着丰富的水力资源。

湖泊湿地

湖泊是湖盆、湖水、水中所含物质(矿物质、溶解质、有机质,以及水生生物等)组成的自然综合体。湖泊湿地主要包括永久性淡水湖、季节性淡水湖、永久性咸水湖、季节性咸水湖等。安徽境内湖泊均为永久性淡水湖。

安徽省湖泊绝大多数集中于沿江和沿淮或其支流上,尤其是长江沿岸和其支流。长江水系北有巢湖、黄大湖、龙感湖、泊湖、菜子湖、武昌湖、破罡湖、白荡湖、枫沙湖、陈瑶湖、三雅寺湖、黄陂湖、竹丝湖,南有升金湖、石臼湖、南漪湖、大河塘、龙窝湖、固城湖。淮河水系北有焦岗湖、四方湖、沱湖、天井湖、香涧湖、八里河,南有城东湖、城西湖、瓦埠湖、女山湖、七里湖、高邮湖、安丰塘、高塘湖、天河、花园湖,其中城东湖、城西湖、瓦埠湖为淮河中游的重要蓄洪区。

巢　湖

沼泽湿地

沼泽湿地是一种特殊的自然综合体,凡同时具有以下三个特征的均属沼泽湿地:

1.受淡水或咸水、盐水的影响,地表经常过湿或有薄层积水;

2.生长有沼生和部分湿生、水生或盐生植物;

3.有泥炭积累,或虽无泥炭积累,但土壤层中具有明显的潜育层。

沼泽湿地的边界界定标准为:

1.根据湿地植物的分布初步确定其边界;

2.根据水分条件和土壤条件确定沼泽湿地的最终边界;

3.不全部具有沼泽湿地三个特征的沼泽化草甸也属沼泽湿地。

根据上述界定标准,安徽沼泽湿地类型有草本沼泽、藓类沼泽、沼泽化草甸、森林沼泽和灌丛沼泽。这几类沼泽中,除草本沼泽在全省分布范围较广外,其余类型分布面积极小,甚至罕见。

一、草本沼泽

草本沼泽是以草本植物为主的沼泽,植被覆盖度≥30%。草本沼泽为安徽分布最广、面积最大的沼泽湿地类型,但全省没有大面积成片分布的草本沼泽,其主要零星分布于湖泊湖滨低地、旧河床、山区洼地等处。如淮北煤矿塌陷区湖泊由于没有进出水河流,排水不良也形成一些草本沼泽湿地。

二、藓类沼泽

藓类沼泽是以藓类植物为主,植被覆盖度达100%的泥炭沼泽。迄今为止,安徽发现面积最大的泥炭藓沼泽,是位于黄山市徽州区天湖山海拔940 m处的里湖口,面积约27 hm²。该处保存很好,具有很高的科研价值。绩溪清凉峰自然保护区山顶泥炭藓沼泽地,为安吉小鲵栖息地。此外,黄山西海门海拔1680 m处的山沟,由于地势低洼积水,也曾散生小块状以泥炭藓为主的高位藓沼泽。近年来,由于旅游业的发展,为建造宾馆蓄水池供游人用水,改变了原水系的流向,因此这几块藓类沼泽已明显退化。

清凉峰山顶泥炭藓沼泽地

三、沼泽化草甸

金寨县天堂寨烂泥坳,分布有面积约20 hm²的沼泽草甸;黄山九龙峰海拔1281 m处,也有一面积约0.5 hm²的沼泽草甸。此外,在牯牛降也发现以沼原草、野古草、芒草为优势种的沼泽草甸。

四、灌丛沼泽

灌丛沼泽是以灌木为主的沼泽,植被覆盖度≥30%。皖南及大别山区低洼林地有少量灌丛沼泽分布。

五、森林沼泽

　　森林沼泽是有明显主干、高于6 m、郁闭度≥0.2的木本植物群落沼泽。安徽省安庆市岳西县妙道山海拔1000 m处有一块森林沼泽，其面积约2 hm²，乔木层为单优势种紫柳，郁闭度达0.3，草本层以莎草科植物为主。该处紫柳约有1200株，高1～12 m，胸径4～30 cm，最大树龄达数百年，极其罕见。来安池杉湖国家湿地公园有大片的池杉林，景观壮观，成为鸟的乐园。

来安池杉湖

第二节　安徽湿地的形成

　　地貌和气候条件决定了地表水的状况，地势低平，容易汇集地表水和降水较为丰沛的地区易形成湿地。湿地形成主要受自然和人为两大类因素影响。天然湿地的形成是自然界的力量。微地形经由漫长的地理过程，形成不同的积水现象，由此孕育出多种天然湿地类型，造就许多特殊的地理景观。安徽在大陆构造上，地处淮阳古陆与江南古陆，大别山区和皖南山区的南部成陆最早。以这两个地区的古陆为基础，向周围不断扩展，经历10亿～18亿年的漫长时间和多次海陆变迁，发展成为现在的地貌景观,并形成多种多样的天然湿地。其中,天然湖泊、天然河流伴随着安徽地质地貌的变迁而形成,历史悠久。但有些湿地或因黄河南泛,或因河流改道,或因人工蓄水,或因采煤塌陷形成,时间较短。人工湿地形成时间较短,主要是由人为力量形成。

河流湿地形成

河流按其形成方式不同,划分为天然河流和人工河流。安徽天然河流包括长江、淮河、新安江干流及其衍生的支流。

一、长江河流湿地

长江发源于青藏高原,自湖北省黄冈市黄梅县进入安徽,流经安庆、池州、铜陵、芜湖、马鞍山五市,在和县乌江口进入江苏省。在距今约1.4亿年前的燕山运动形成了唐古拉山脉,青藏高原缓缓抬高,形成许多高山深谷、洼地和裂谷。在距今5300万~3650万年前的始新世,发生强烈的喜马拉雅山运动,青藏高原和云贵高原显著抬升,古地中海消失,长江流域普遍间歇上升,金沙江两岸高山突起,形成了一些断陷盆地,出现了许多深邃险峻的峡谷,原来自北往南流的水系相互归并后折向东流。到了距今约300万年前时,喜马拉雅山强烈隆起,长江流域上游进一步抬高,长江中下游上升幅度较小,形成中、低山和丘陵,低凹地带下沉为平原。从湖北伸向四川盆地的古长江溯源侵蚀作用加快,切穿巫山,使东西古长江贯通一气,江水浩浩荡荡,注入东海,形成今日之长江。

二、淮河河流湿地

淮河发源于河南省桐柏山,流经安徽阜阳、六安、淮南、蚌埠、滁州五市,经洪泽湖,绝大部分河水由三江营入长江,为我国东部南北方的天然分界线。商代的甲骨文和西周的钟鼎文里就有"淮"字出现,历史上。淮河与长江、黄河、济水并称"四渎",是独流入海的四条大河之一。

三、新安江河流湿地

新安江为钱塘江上游,其来源于两大支流,北支为横江,源于黟县五溪山主峰白顶山;南支称率水,为新安江正源,发源于休宁县的六股尖。两支在黄山市屯溪区黎阳汇合后称浙江,浙江纳练江之水后称新安江,经歙县街口流入浙江省新安江水库。

四、洪泛平原湿地

洪泛平原湿地是由在丰水季节因洪水泛滥的河滩、河心洲、河谷,季节性泛滥的草地,以及保持常年或季节性被水浸润内陆三角洲所组成。

五、河流故道湿地

河流故道湿地或因河流改道,或因河流截弯取直,或因人工河道开挖后废弃而成。旧河道多分布于淮北平原和江淮丘陵,如阜阳市颍泉区的泉水河、合肥市肥西县的丰乐河、六安的老淠河等。历史上黄河流经安徽,后因南泛入淮,部分黄河河流废弃,形成黄河故道湿地,如萧县、砀山县的黄河故道湿地。

六、人工河流湿地形成

人工河流包括运河和输水河。运河和输水河是指为输水或水运而建造的人工河流湿地,包括圩沟和死(旧)河道、人工河道。圩沟主要分布于沿江两岸,周围以农田为主;人工河道主要是在治淮工程中建设的人工沟渠,如茨淮新河、新汴河、汲东干渠、淠河总干渠、淠东干渠、瓦西干渠、淠杭干渠、瓦东干渠等干渠,均为我省较大的人工干渠,分布于六安市和淮北平原,作为农田水利建设的灌溉渠道。

湖泊湿地形成

安徽湖泊湿地包括天然湖泊湿地和人工湖泊湿地两大类。

一、天然湖泊湿地

天然湖泊湿地形成主要有三种形式:

1.河道淤塞型,如沿淮湖泊就是由于黄河南徙入淮的顶托,使淮河支流水系因泥沙淤塞不能排入干流壅水形成的湖泊,包括焦岗湖、沱湖、八里河、天井湖等。

2.河道摆动型,如沿江的龙感湖、黄大湖、泊湖等系长江干流河床的南迁摆动而形成。

3.地壳构造运动型,如巢湖、黄陂湖、竹丝湖等。这些湖泊已有几百万年的演变历史,有进、出水河流。

二、人工湖泊湿地

安徽人工湖泊包括采煤塌陷型和人工开挖型两类。

1.采煤塌陷型湖泊。采煤塌陷型湖泊形成始于20世纪60年代。由于安徽阜阳、淮北、淮南、亳州等地煤层埋藏较浅,倾角较小,可采煤层厚,地下采煤所形成的采空区造成地表大面积土地塌陷,塌陷区因地下水上升、聚集降雨和汇集地表水形成人工湖泊。采煤塌陷型湖泊分为三类:已稳定的深水湿地,常年有水,积水面积大;已稳定的浅水湿地,多为沼泽地,雨季内涝积水,旱季泛碱荒芜;尚未稳定的塌陷湿地,这类湿地位于正在开采的煤层之上,地层尚不稳定,水域面积和水体深度随季节性变化较大。塌陷型湖泊区别于天然湖泊的一个显著特点是形成时间短,最长不过数十年,湖床平坦,一般无进、出水河流,滩涂少、淤泥薄、沉水植物较少。

2.人工开挖型湖泊。这类湖泊因城市建设而形成,时间短,面积小,生物多样性贫乏,如合肥的天鹅湖、翡翠湖等。

库塘湿地形成

该类湿地是安徽分布最广、面积最大的人工水域类型。

一、水库湿地

安徽省的水库基本上都是由河流截流而成,有山谷型(如陈村水库)和丘陵型(如董铺水库)等类型。六安市为安徽省大型水库的集中分布地,滁州市是全省水库数量最多的市。水库的水位取决于流入和流出的水量平衡,因都建有库闸,其水位皆由人为控制。

二、池塘湿地

池塘面积小,通常不足 1 hm²,数量甚多,广布于农田间和村前屋后,主要用于灌溉、养殖。池塘在平原地区称为水塘,多为人工开挖而成,因灌溉、农村建房、开挖制砖泥土后留下的凹坑积水而成;在山区和丘陵地区称山塘,多为山谷截流而成。较之湖泊,池塘小而浅,常与沟渠相连,为人工湿地。

沼泽湿地形成

该类型湿地包括草本沼泽、灌丛沼泽、森林沼泽、藓类沼泽、草甸类型,其中草本沼泽为安徽分布最广、面积最大的沼泽湿地类型。安徽省没有大面积成片分布的草本沼泽,主要零星分布于湖泊湖滨低地、旧河床、山区洼地等处。沼泽湿地特点是地势低洼,排水不良,并生长有湿地植物,底下有较厚的淤泥。煤矿塌陷区由于没有进出水河流,排水不良,也形成一些草本沼泽湿地。

水稻田湿地形成

水稻田湿地是我国劳动人民在耕作土壤种植水稻的过程中形成。安徽栽培水稻历史悠久,主要分布于沿淮河的两岸及其以南的广大地区,而以长江干、支流沿岸地区最为集中。因此,水稻田湿地可分为稳定水稻田和不稳定水稻田两类。由于现行农业生产实行家庭承包责任制,经营方式灵活,农民随时都可能根据市场供求情况改变其耕作方式。可见,水稻田湿地既是安徽面积最大的人工湿地,又是安徽最不稳定的湿地。

第三节 安徽湿地的演变

生态系统的结构和功能随时间的改变而改变就是生态系统的演替。生态系统演替是系统内部的发展过程与外加的物理力量相互作用的结果,以前者为动因的演替称为内因演替,以后者为动因的演替称为外因演替。自然状态下,湿地生态系统的演替需要经历漫长的岁月,但人类对湿地的人为干扰,如江湖隔绝、过度养殖、环境污染、生物入侵等,加速了湿地生态系统的演替,并可能改变湿地生态系统自然演替的轨迹。

湿地类型的演变

一、河流湿地的演变

由于城市化进程的不断推进,城市周边小河流、小沟渠,往往成为垃圾的堆放场所,使小河流等退废、萎缩,甚至消失。由于建设水利工程、兴建人工湖泊、采煤塌陷区面积不断扩大,部分天然河流可能断流、萎缩,甚至沦为河流"故道"。安徽河流湿地总的演变趋势是:河流水系紊乱现象将进一步加剧,天然河流数量减少、自然属性衰退,人工河流数量增加、功能单一化现象严重。

二、湖泊湿地的演变

围垦是安徽天然湖泊湿地急剧减少的主要原因。这主要发生于20世纪50~80年代,全省湖泊围垦面积达20万 hm^2 ,占全省原湖泊面积的36.4%,少数湖泊比例占原湖泊总面积的50%,许多湖泊如庐江的白湖、当涂的丹阳湖已荡然无存。近年围垦现象基本得到遏制,但水土流失、湖床抬高、江湖隔绝现象仍然严重,沼泽化进程加速,甚至出现老年化现象,如陈瑶湖。城市建设需要,人工湖泊将持续增多;采煤塌陷湖泊将大幅增加。综上,安徽省呈现天然湖泊数量稳定、调蓄能力下降,人工湖泊数量增多、景观异质性下降趋势。

三、水库湿地的演变

历史上安徽水利发展较早,如寿县的芍陂(今安丰塘),始建于春秋时代,灌田万顷。中华人民共和国成立后水库建设得到空前发展,水库数量和面积持续增加。

四、池塘湿地的演变

实行农业生产承包责任制后,由于池塘治理缺少统一的组织,加上农村生活饮用水逐渐采用地下水,同时填塘造陆和作为垃圾堆放场所与建设用地,导致许多池塘淤积十分严重,容积不断缩小,甚至消失。近年来,湖堤、河堤虽连年加高,但旱涝灾害仍频繁发生,其中一个重要原因就是池塘的大量萎缩和消失。20世纪80年代,安徽面积达 0.2 hm² 以上的池塘有 24 万多个。江淮丘陵之间更是池塘密布,其容积相当于巢湖的三分之二。如巢湖流域原有 15 万个小池塘,总面积 2.7 万 hm²,总蓄积量达 5.65 亿 m³,相当于整个巢湖的三分之一。一段时间里,池塘退废、消失现象十分严重。但是,随着《中华人民共和国湿地保护法》的颁布和《安徽省湿地保护条例》的实施,以及海绵城市的建设需求,池塘将迎来一轮增长高峰。

五、沼泽湿地的演变

沼泽湿地因干旱、水源断绝,或人为活动开沟排水等,改变了沼泽生境,湿生植被可能逐渐被中生植物取代,成为草甸。泥炭藓湿地由于泥炭层的不断积累,地下水位变低,中生植物侵入,渐渐发展成为草甸或草地,甚至被乔灌木取代。由于旅游业的发展,为建造宾馆蓄水池供游人用水,改变了原水系的流向和沼泽水位,原有的沼泽湿地发生改变。如黄山风景区曾有几处泥炭藓湿地,但随着旅游的开发及人类活动的干扰,现在已明显退化。安徽沼泽湿地演变趋势是:湖滨、河滨沼泽仍有被开垦和填埋的危险,山地沼泽将进一步减少,或由藓类沼泽向乔灌沼泽演变,甚至消失。

六、水稻田湿地演变

由于单位面积粮食产量的大幅提高,加之现代食品需求多元化和退田还湖工程实施,少数水稻田已由传统种植水稻向养殖业、现代种植业、生态旅游业转变,包括种植莲、茭白、水芹等水生蔬菜、水生花卉,以及发展观光农业等。安徽水稻田湿地总的演变趋势是:水稻田仍作为农用地,但其功能多样化,动态变化特征明显。

湿地生态功能的演变

湿地具有维护生物多样性、提供动植物产品、涵养水源、净化水体、调节气候、防洪抗旱、旅游观光、交通航运、科研教学、减少温室效应等功能,随着时间的推移,安徽湿地的功能价值也在发生变化。

一、湿地调蓄能力减弱

湿地是一个巨大的海绵体,贪婪地吞噬着雨水,体现出巨大的滞洪和抗旱功能。由于入湖河流的泥沙沉积和生物残体的堆积,洲滩不断扩大增高,湖床河床抬高,农村大量池塘消失,城市地表大面积固化,湿地调蓄能力下降,导致洪灾、旱灾和城市内涝频繁发生。

二、湿地自我修复能力下降

江湖隔绝、修桥筑路,加剧湿地破碎化进程,湿地生态系统稳定性下降;生物入侵、环境污染、植被退化、湿地生产力下降,导致湿地自净和修复能力不足,如巢湖水体富营养化,陈瑶湖已出现泥炭层。

三、湿地部分功能丧失

湿地作为重要水源地,提供水源是其重要功能。如巢湖十多年前可作合肥、巢湖两市的饮用水源,现由于污染已丧失饮用水源功能,每年合肥不得不从皖西五大水库调水。少数湿地由于水位提升,滩涂消失,导致一些珍稀水禽的重要栖息地和觅食地消失。

湿地植被的演替

决定湿地植被演变的主要因素是生境改变、过度利用和水位变化。湖泊湿地如遇干旱或随着其沿岸草本湿地植被、挺水型水域植被残体的累积,加速腐殖质堆积,致使水位变浅。这样湖缘的草本湿地植被、挺水植被带向湖心推进,使得沉水植物分布的范围逐渐缩小,进而被浮水植物侵入,水体继续沼泽化,水生植被逐渐被草本湿地植被取代。如20世纪80年代调查资料表明,龙感湖以马来眼子菜群落占据优势,几乎遍布全湖,而现在只是零星小块状分布,从单株到 1~5 m² 丛生分布,已被菱群落取代。陈瑶湖以茭为优势种,武昌湖以菱白为优势种。入侵物种水花生疯狂生长和蔓延抑制土著种生长,特别是养蟹给沉水植物带来毁灭性破坏。湿地植被总的演变趋势是:总覆盖度下降,沉水植物锐减,浮水植物减少,挺水植物增多,植被单一化现象严重,水韭、莼菜、水蕨等珍稀物种分布范围和数量减少。

湿地动物的演变

东方白鹳、白头鹤、黑鹳、白鹤、灰鹤、白枕鹤、扬子鳄等珍稀濒危物种种群数量保持相对稳定或略有增长;中华秋沙鸭为近年发现的我省水鸟分布新纪录,数量稳定。近几十年因过度渔猎、生境破坏、环境污染等因素造成安徽省原有分布、现已绝迹的动物有海南鳽、黑头白鹮、朱鹮、白鱀豚,濒临灭绝的动物有大鲵、黄喉拟水龟、眼斑水龟、黄缘闭壳龟、金头闭壳龟、水獭等。

湿地生物多样性的演变趋势,包括生物入侵现象加剧,生物多样性丰富度下降。20世纪80年代之前农村房前屋后的泥鳅戏水、鱼虾绕屋、蛙声如潮的场景,今日不易重现。

湿地利用方式的演变

湖泊、水库、河流、库塘等湿地由主要利用其供水、防洪、灌溉、养殖、航运、发电等功能,向生态旅游、生物多样性保护、环境美化、水生蔬菜种植、碳汇等功能方面拓展,湿地的一些传统功能逐步弱化,如养殖、航运等,同时又衍生出一些新功能,如生态旅游、自然教育等。

湿地利用方式的演变趋势是:由单一化向多样化转变,由重经济向重生态转型,水产养殖强度逐步下降,湿地周边社区对湿地的经济依赖性下降。

湿地威胁因子的演变

安徽省两次湿地资源调查表明,湿地的主要威胁因子已从围垦、非法猎捕和资源过度利用三大因素演变为环境污染、基建占用、外来物种入侵和生境破碎四大因素。湿地受到的主要威胁因素增加,影响频次和影响湿地面积均呈增加态势,安徽湿地生态仍面临严重威胁。

湿地保护措施的演变

安徽湿地资源利用具有悠久历史,但湿地保护工作真正列入议事日程仅有约40年的时间。

一、在就地保护方面

20世纪80年代初,安徽以建立湿地类型自然保护区为主的就地保护措施,注重单个保护地的保护;自21世纪以来,安徽以建立湿地公园为主的就地保护措施,工程实施也由单个保护地向流域层面和全省层面推进。

二、在尊重民意方面

自然保护区和湿地公园的建立与范围划定尊重社区意愿,采取听证、公示等形式,征询社区意见,推进和谐共建。

三、在湿地补偿方面

由社区无偿奉献发展到注重周边社区诉求,采取生态补偿,或租赁、流转农民土地等形式,补偿因水禽觅食造成的农作物损失。

四、在社会参与方面

在宣传教育、工程措施、资金投入、体制机制、行政执法等方面,形成多部门协作、全社会参与的湿地保护机制。

五、在法治建设方面

湿地保护管理由参照《中华人民共和国野生动物保护法》《中华人民共和国环境保护法》《中华人民共和国渔业法》《中华人民共和国自然保护区条例》《中华人民共和国野生植物保护条例》等相关法规执行,到颁布和实施《中华人民共和国湿地保护法》《中华人民共和国长江保护法》《湿地保护修复制度方案》《国家级自然公园管理办法(试行)》《安徽省湿地保护条例》《安徽省级湿地自然公园管理办法》等专业性法律、法规、规范转变,标志着湿地保护管理逐步走向专业化、法治化轨道。

第四节　美丽的安徽湿地

2017年,安徽发布第一批省级重要湿地名录52处,总面积约45万 hm²。2023年,发布第二批省级重要湿地名录7处,总面积达2.95万 hm²。截至2023年6月底,安徽省有国际重要湿地1处、省级重要湿地59处，省级及其以上湿地类型自然保护区18处、湿地公园57处，初步建成湿地保护网络体系，基本覆盖全省主要湖泊湿地和候鸟重要栖息地，湿地保护率达51.8%。本节选取部分湿地类型自然保护区和湿地公园予以介绍。

安徽省级及其以上湿地类型自然保护区基本情况

序号	名称	级别	位置	面积 / hm²	保护对象
1	安徽扬子鳄国家级自然保护区	国家级	宣州区、郎溪县、广德市、泾县、南陵县	18565.0	扬子鳄及其栖息地
2	安徽升金湖国家级自然保护区	国家级	东至县、贵池区	33340.0	湿地生态系统及白头鹤、白鹤、白枕鹤、灰鹤、东方白鹳、黑鹳、白琵鹭、小天鹅、白额雁，鸳鸯等
3	安徽铜陵淡水豚国家级自然保护区	国家级	枞阳县、无为市、贵池区、铜陵市郊区	31518.0	淡水豚类及湿地生态系统
4	安徽安庆沿江湿地省级自然保护区	省级	太湖县、望江县、枞阳县	50332.0	湿地生态系统和珍稀水禽
5	安徽宿松华阳河湖群省级自然保护区	省级	宿松县	50496.7	湿地生态系统和珍稀水禽
6	安徽贵池十八索省级自然保护区	省级	贵池区	3651.6	白头鹤、白鹳、黑鹳、白琵鹭、小天鹅、卷羽鹈鹕、白额雁、鸳鸯等
7	安徽颍上八里河省级自然保护区	省级	颍上县	14600.0	湿地生态系统及鹤类、鹳类、雁鸭类等
8	安徽霍邱东西湖省级自然保护区	省级	霍邱县	14200.0	珍稀水禽及其湿地生态系统
9	安徽当涂石臼湖省级自然保护区	省级	当涂县、博望区	10666.7	珍稀水禽及其湿地生态系统
10	安徽五河沱湖省级自然保护区	省级	五河县	4285.0	湿地生态系统及其珍稀物种，包括珍稀濒危候鸟和珍贵淡水水产种质资源
11	安徽明光女山湖省级自然保护区	省级	明光市	18870.0	珍稀水禽及其湿地生态系统

续 表

序号	名称	级别	位置	面积/hm²	保护对象
12	安徽颍州西湖省级自然保护区	省级	颍州区	11000.0	珍稀水禽及其湿地生态系统
13	安徽泗县沱河省级自然保护区	省级	泗县	2463.0	湿地生态系统
14	安徽砀山黄河故道省级自然保护区	省级	砀山县	2180.0	湿地生态系统
15	安徽萧县黄河故道省级自然保护区	省级	萧县	3200.0	湿地生态系统
16	安徽安庆江豚省级自然保护区	省级	迎江区、大观区、怀宁县、望江县、宿松县、东至县、贵池区	39944.0	长江江豚以及其他长江珍稀鱼类及水生态环境
17	安徽金寨西河大鲵省级自然保护区	省级	金寨县	10377.21	大鲵及适宜大鲵生长的山谷溪流湿地生态系统以及保存完整的森林生态系统
18	安徽黄山大鲵省级自然保护区	省级	休宁县、祁门县	3277.63	大鲵及适宜大鲵生长的山谷溪流湿地生态系统以及保存完整的森林生态系统

安徽扬子鳄国家级自然保护区

安徽扬子鳄国家级自然保护区位于皖南低山丘陵区与长江下游平原的结合部，地处安徽省宣城和芜湖两市。保护区由宣州区、郎溪县、广德市、泾县和南陵县的部分区域组成，总面积1.8565万 hm²，其中核心区面积0.52万 hm²。地理坐标为东经118°21′18″～119°27′55″，北纬30°37′54″～31°04′12″。

安徽扬子鳄国家级自然保护区湿地面积0.07万 hm²，主要湿地类型包括湖泊湿地（小于0.01万 hm²）、人工湿地（约0.06万 hm²）、河流湿地（0.01万 hm²）。保护区以中国特有的世界濒危鳄类——扬子鳄为重点保护对象。

扬子鳄

安徽升金湖国家级自然保护区

升金湖坐落于池州市东至县与贵池区交界处,保护区全境以升金湖为中心,沿岸分别向外延伸2.5 km左右。地理坐标为东经116°55′~117°15′,北纬30°15′~30°30′,历史上因湖中日产鱼货价值"升金"而得名。升金湖于2015年被列为国际重要湿地。

升金湖为永久性淡水湖泊湿地,经黄湓闸与长江贯通。每年十月下旬到第二年的四月上旬,湖水消退形成草甸、沼泽和浅水区,给不同种类的水禽提供了各自所需的生存环境。湖四周没有工业污染源,湖水清澈晶莹,水草茂密,是水禽赖以生存的天然场所。

保护区有维管束植物125科521种,其中蕨类植物14科16种,裸子植物5科9种,被子植物106科496种。保护区内有国家二级保护植物3种,即野大豆、野菱和水蕨,有重要经济价值的植物主要有水稻、莲、茭白、芡实等。

保护区有鱼类6目10科36种;两栖爬行动物12种;兽类4种;底栖动物25种;浮游动物15科25属39种。

保护区有鸟类209种,其中水鸟101种;国家重点保护鸟类42种,其中属国家一级保护物种11种,即白头鹤、白鹤、东方白鹳、白枕鹤、黑鹳、卷羽鹈鹕、黄嘴白鹭、青头潜鸭、黑嘴鸥、大鸨、白肩雕;属国家二级保护物种31种,包括灰鹤、小天鹅、白额雁、小白额雁、鸿雁、白琵鹭、鸳鸯、大杓鹬、大滨鹬、花脸鸭、小杓鹬、红胸黑雁、水雉、白腰杓鹬、红隼、游隼、普通鵟、小鸦鹃、草鸮等。

白鹤家园——升金湖

保护区是安徽省目前唯一的国际重要湿地,也是安徽省唯一的湿地生态和水禽类国家级自然保护区,主要保护对象为湿地生态环境和越冬水禽。保护区作为东亚—澳大利西亚迁徙水鸟路线的重要迁徙停歇地和越冬聚集地,鹤类、鹭类和雁鸭类占比最多,是东亚地区极为重要的湿地,是水禽天然的越冬地和栖息地,每年越冬候鸟数量超过10万只,在此越冬停歇的白头鹤、东方白鹳、豆雁、鸿雁等10种候鸟种群数量均超过湿地公约迁徙路线水鸟种群1%标准,是中国具有国际意义的自然保护区。

水鸟天堂

　　保护区是中国主要的鹤类越冬地之一，世界上有15种鹤，中国有9种，升金湖就有4种，分别是白头鹤、白鹤、白枕鹤和灰鹤。在升金湖每年越冬的白头鹤数量有400～600只，占中国数量的30%，占世界野生数量的8%。升金湖是白头鹤在长江下游数量最多的天然越冬种群，因此升金湖亦有"中国鹤湖"之称。

白头鹤

安徽铜陵淡水豚国家级自然保护区

安徽铜陵淡水豚国家级自然保护区,位于长江下游铜陵江段,保护区总面积31518 hm²,湿地面积为 17308.66 hm²,主要湿地类型包括湖泊湿地(26.30 hm²)、河流湿地(13103.29 hm²)、沼泽湿地(4091.84 hm²)、人工湿地(87.23 hm²)。地理位置为东经117°39′30″~117°55′25″,北纬30°46′20″~31°05′25″。长江江豚是该湿地的特色物种。

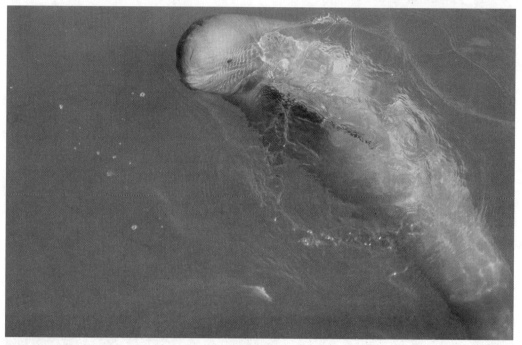

长江江豚

安徽安庆沿江湿地省级自然保护区

安徽安庆沿江湿地省级自然保护区位于皖西南,长江下游北岸,南临长江,北倚大别山,地理坐标为北纬30°03′42.5″~30°58′1.1″,东经116°19′24.5″~117°42′35.4″。保护区由泊湖、武昌湖、菜子湖、破罡湖、白荡湖、枫沙湖和陈瑶湖7个湖泊组成,总面积50332 hm²,主要跨安庆市、铜陵市两个行政区域。

保护区湿地生态系统保存较完整,生物多样性丰富。据初步调查,保护区有国家重点保护水鸟16种,其中国家一级保护有白鹤、白头鹤、白枕鹤、东方白鹳、黑鹳、青头潜鸭6种,国家二级保护有小天鹅、鸿雁、白额雁、小白额雁、花脸鸭等共10种。列入IUCN(世界自然保护联盟)受威胁鸟类共56种,其中极危2种,濒危10种。

白琵鹭

安徽安庆沿江湿地省级自然保护区在有效管理方面开展的主要工作包括：

一是强化湿地科研监测工作。包括与北京林业大学合作实施了白头鹤环志研究工作，与安徽大学合作完成武昌湖湿地科学考察工作，与全国鸟类环志中心合作开展恢复珍稀鸟类调查研究，对武昌湖候鸟迁徙动态及其规律开展环志调查监测，进一步掌握候鸟迁徙的生态学规律。

二是加大社区参与湿地管理融入程度。成立了由社区群众发起的湿地生态环境保护民间组织——菜子湖湿地生态保护协会。近年来，协会通过自筹和相关部门投入资金共计200万元左右，在社区水鸟保护方面做了大量工作：新建了湿地宣教馆和2个观鸟台，占地400㎡；成立了水鸟巡护队，每年10月至来年4月每天在菜子湖周边开展水鸟巡护和垃圾清理工作。

三是加强湿地保护宣传教育。自2015年至今，每年举办"安徽安庆菜子湖湿地观鸟节"。编印了湿地乡土教材一套，湿地宣传册5000份。自2009年至今，每年还组织本地学校的师生开展湿地观鸟和湿地科普课堂活动，安庆市共有三所学校被湿地国际授予"湿地学校"称号。

安徽当涂石臼湖省级自然保护区

安徽当涂石臼湖省级自然保护区位于马鞍山市当涂县、博望区。石臼湖系全国为数不多的通江湖泊，其生物资源十分丰富，丰水期间湖面宽广，一望无际、碧波荡漾、水质清澈,枯水期间水草茂盛形成多湖,景色蔚为壮观。保护区主要湿地类型包括永久性淡水湖、草本沼泽和水产养殖场。保护区地理坐标为东经118°46′16″～118°51′16″,北纬31°26′7″～31°44′32″。湿地动植物和水禽资源十分丰富。

石臼湖

拓展阅读

巢 湖

巢湖是我国第五大淡水湖,也是长江下游重要的湿地,面积78795.53 hm²,属于国家"三河三湖"重点水污染防治流域之一。截至目前,巢湖及其周边十大湿地有维管束植物121科396属656种,其中蕨类植物7科7属9种,裸子植物6科12属19种,被子植物中双子叶植物108科377属628种。国家二级保护野生植物有水蕨、粗梗水蕨、野大豆。鸟类有18目73科294种,其中国家一级保护鸟类有东方白鹳和白鹤2种,二级保护鸟类有小天鹅、白琵鹭、水雉、鸿雁等。兽类有6目9科13种,鱼类8目11科73种,两栖爬行类4目13科35种,昆虫12目96科311种,底栖软体动物2纲11科41种,浮游植物8门76属204种,浮游动物8科34属69种。

巢湖湖滨湿地

按照流域规划,遵循系统治理理念,围绕巢湖生境、水系、水质、水量等湿地保护的核心问题,以十五里河、南淝河、兆河等33条入湖河流、滩涂湿地为重点,总面积达100 km²,总投资约58亿元的环巢湖十大湿地全面建设。其中,合肥巢湖湖滨湿地规划面积1533.3hm²,涉及主要入湖河流塘西河、十五里河;包河派河口湿地规划面积463.7hm²,涉及主要入湖河流派河;肥东十八联圩湿地规划面积2760hm²,涉及主要入湖河流南淝河;巢湖半岛湿地规划面积1000hm²,涉及主要入湖河流花塘河、青草河、老鼠河、鸡裕河、烔炀河;肥西三河湿地规划面积1886.7hm²,涉及主要入湖河流杭埠河、丰乐河、小南河;巢湖柘皋河湿地规划面积466.7hm²,涉及主要入湖河流柘皋河、小柘皋河;巢湖槐林湿地规划面积194hm²,涉及主要入湖河流兆河、石茨河、高林河;庐江马尾河湿地规划面积856.7hm²,涉及主要入湖河流兆河、谷盛河、小河;庐江栖凤洲湿地规划面积843.3hm²,涉及主要入湖河流白石天河;肥东玉带河湿地规划面积42.4hm²,涉及主要入湖河流玉带河。

安徽肥西三河国家湿地公园

安徽肥西三河国家湿地公园位于合肥市肥西县三河镇,地处巢湖西岸、三河古镇以东。公园总面积为 1887.22 hm²,湿地面积 1682.83 hm²,湿地率 89.17%。湿地公园动植物资源丰富,共有维管束植物 42 目 78 科 203 属 346 种,鸟类 14 目 39 科 163 种,鱼类 7 目 18 科 67 种,两栖爬行类 5 目 12 科 29 种。杭埠河、丰乐河系长江水系巢湖的重要支流,在三河国家湿地公园内汇合后注入巢湖,是巢湖入湖水量最大的河流,约占入湖总水量的 60%。

三河国家湿地公园自然景色优美,千年三河古镇又是生态水乡,"外环两岸,中峙三洲,而三水贯其间,以桥梁相沟通"。漫步古镇,连片的古民居飞檐翘角、雕梁画栋,是皖中地区少见的晚清建筑群。公园中段是杭埠河原生态自然景观,水面广阔,沃野千里,是野生动植物和各种鸟类良好的栖息场所。公园的下游是巢湖西半湖。巢湖风光秀美、景色怡人,滨湖旅游观光大道临湖蜿蜒,坐拥800里巢湖烟波浩渺,天然的美景奇观,点缀巢湖沿岸,犹如"众星捧月",组成了一幅绝妙的立体山水画。

三河古镇

三河镇历史悠久,源远流长,曾有"鹊尾""三汊河"等名。世代更迭、岁月沧桑,特有的徽州文化和当地文化在这块土地上互相交融,给三河留下了丰厚的文化底蕴和古迹遗产。《左传》中记载的"鹊岸"之战,晚清太平军将领陈玉成在此歼灭湘军,史称"三河大捷"。当年杀声震天的古战场,如今仍依稀可见。古镇上古炮台、英王府、大捷门、一人巷、万年台、三县桥、古城墙、杨振宁旧居、刘同兴隆庄、鹤庐、仙姑楼等处遗迹和遗址被完整保存,形成了江淮地区独有的古桥、古圩、古茶楼、古居、古战场等"八古"景观。人杰地灵,英才辈出,多位科学巨匠、历史名人、抗日将领,或出生于三河,或成长于三河,如杨振宁、刘秉璋、刘铭传、孙立人等。

三河古镇在数千年的历史变迁中积淀了深厚的人文底蕴,其独特的民间记忆、多彩的民俗活动、纷繁的节庆表演、夺目的戏曲艺术、众多的古建遗存交相辉映、璀璨生辉,宛若为三河古镇构建了一道风情各异、灿若星辰的"彩色画廊"。三河民间美食更是饮食文化的精髓,以徽派菜系为底蕴,取南北之长,集川、淮扬之大成,形成独具特色的风味。色香、味醇、价实,为南来北往旅客之青睐。"三河酥鸭""米粉虾""豆腐面鱼汤"等名菜无不展示水乡的风韵,"三河小米饺""三河马蹄酥"让你回味无穷,还有三河茶干、三河米酒更让人流连忘返。美食文化俨然成为三河古镇旅游景区的最佳旅游招牌,"美食天堂"的主题形象深入人心。

安徽蚌埠三汊河国家湿地公园

安徽蚌埠三汊河国家湿地公园地处安徽省蚌埠市淮上区的西北部,位于曹老集镇、梅桥镇和小蚌埠镇三镇的交界之处,南距淮河5公里,毗邻双墩大遗址公园,区位优势明显,交通便利。三汊河湿地是淮河流域湿地中保存较好的一块几乎未受污染的自然湿地,其自然景观独特,自然资源丰富,周边历史遗迹众多,文化久远,底蕴丰厚。湿地规划总面积801.5 hm²,其中400 hm²芦苇依旧保持着原生态的自然风貌,在淮河流域具有一定的典型性和代表性。

万亩芦苇

　　安徽蚌埠三汊河国家湿地公园以"领略湿地风光、徜徉淮河历史、感悟湿地文化、体验休闲野趣"的品牌形象定位,从生态保护和合理开发利用的角度出发,以湿地生态为背景,将三汊河自然风光和人文景观有机结合,展示特色湿地文化和自然湿地价值。随着湿地修复工作不断加强,湿地鸟类从最初的103种增加到156种。国家濒危鸟类,号称"鸟中熊猫"的震旦鸦雀种群繁殖也达到近千只,还吸引了国家一级保护鸟类东方白鹳来此栖息。

震旦鸦雀

　　湿地公园拥有较完善的科普宣教馆,配备专职科普讲解员,创建了三汊河湿地网站和微信公众号。结合"世界湿地日""安徽湿地日""湿地旅游节"开展相关宣传活动20余场,拍摄宣传专题片及秘境之眼6部,湿地公园优美的环境吸引了省级学习强国平台及省市各主流媒体多次对三汊河国家湿地公园的生态保护进行了专题报道。同时,成功申报"安徽省科普教育基地""蚌埠市中小学生研学基地""蚌埠市爱国主义教育示范基地""国家AAA景区"。

安徽肥东管湾国家湿地公园

　　安徽肥东管湾国家湿地公园位于肥东县北部,东起肥东县X30县道,西至管湾湖大坝,南至滁河干渠,北到肥东杨店乡联丰社区。湿地公园总面积664.24 hm²,湿地率超过62%,是江淮分水岭地区代表性的"河流—库塘—陂塘"复合型湿地生态系统。公园内的湿地分为河流湿地和人工湿地两个湿地类,以及永久性河流、洪泛平原和库塘三个湿地型。境内陂塘星罗棋布近百座,原生陂塘保留了距今约1200年的历史记忆,有着浓郁的陂塘湿地主题文化,具有较高的科学和美学价值。

管湾国家湿地公园内物种丰富。截至目前,有浮游植物7科52属76种、浮游动物11科22属37种、维管植物87科246属336种,脊椎动物共计163种。湿地公园有国家二级保护植物4种,为野大豆、中华结缕草、野菱和莲;安徽省一级重点保护鸟类2种:家燕与灰喜鹊;安徽省二级重点保护鸟类4种:斑嘴鸭、绿头鸭、环颈雉及棕背伯劳。湿地公园候鸟以雁鸭类、鹭类较为常见,是东亚—澳大利西亚迁飞区迁徙水鸟的重要停歇地和越冬地。

飞 翔

公园建有现代化温室一座,为湿地重点植物育种繁殖、种质资源保护与科普展示提供良好支撑。同时,公园内修复的陂塘,引种有典型的湿生植物,挺水植物有菰、莲、芦苇等,浮水植物有野菱、水鳖、荇菜、中华萍蓬草、萍蓬草等,沉水植物有苦草、狐尾藻、黑藻等,并挂牌展示物种的生物学特性,建成有示范作用的水生植物认知园。公园内以"人与湿地共依伴"为主题的科普宣教馆,分设"魅力肥东、孕育管湾""鸟飞鱼跃、生机管湾""水满陂塘、特色管湾""梦回清泽、守护管湾"四个展厅,通过图文、视频、标本、场景模拟呈现等多种方式,让公众更全面地了解湿地和人类的依存关系。

公园有"画里管湾"之美誉,未来将持续把"陂塘文化中心""湿地植物基因库"和"研学、艺术写生、劳动实践教育基地"作为重点发展方向和建设目标,打造我国江淮低山丘陵地区小微湿地修复和乡村振兴有机结合的典范。

肥东管湾国家湿地公园

安徽颍泉泉水湾国家湿地公园

安徽颍泉泉水湾国家湿地公园位于阜阳市颍泉区泉河北畔。由1952年老泉河"裁弯取直"后遗存的老泉河河道及两岸河滩地,"取直"后形成的泉河河道,老泉河周边的人工沟渠3部分组成。其中,老泉河长13.1 km,泉河长7.7 km,湿地公园总面积587.76 hm²,湿地面积387.05 hm²,湿地率为65.85%。

老泉河

　　泉水湾国家湿地公园内动植物资源丰富,维管植物共有157种(包括亚种、变种和变型),隶属于68科132属。现有国家二级保护植物3种,分别为莲、野大豆和野菱,其中区域内的白花型野生莲为十分珍稀的野生莲资源。脊椎动物共计31目82科258种,其中隶属国家一级保护鸟类的有2种,分别为青头潜鸭和黄胸鹀;国家二级保护鸟类有23种,包括白额雁、小天鹅、小鸦鹃、白琵鹭、黑鸢、雀鹰、普通鵟、白尾鹞等。

白花型野生莲

　　随着泉水湾国家湿地公园科普宣教体系的建设,公园先后建成室内(颍泉区规划与湿地展示中心、科普宣教盒、湿地学校)及室外(滨水廊道、水生植物园、空中栈道、独龙湾)等多个主题宣教场所。通过"湿地百科""动植物小趣闻""诗经中的湿地"等趣味性、可读性较强的内容,公园为周边百姓及中小学生提供了一处趣味科普廊道,已经成为颍泉区乃至阜阳市的户外自然教育基地。

安徽桐城嬉子湖国家湿地公园

　　安徽桐城嬉子湖国家湿地公园位于长江下游北岸嬉子湖区、桐城东南部。嬉子湖是沿江湿地的重要组成部分,又是与长江水系相连的重要湖泊。湖泊、人工沼泽等多种不同类型的湿地在公园内交织,组成了独特而稳定的生态系统。湿地公园总面积5445.89 hm²,其中湿地面积5220.81 hm²,湿地率95.87%。

湿地植物园

　　嬉子湖是长江下游淡水湿地的重要组成部分,是淤积浅水型淡水湖泊景观的典型代表,湿地资源十分丰富。截至目前,湿地公园共有维管束植物约41科147种,其中国家二级保护植物有野大豆和莲2种;常见水鸟有80余种,国家一级保护鸟类有东方白鹳、黑鹳、白鹤和白头鹤,国家二级保护鸟类有小天鹅、白额雁和白琵鹭。每到迁徙季节,鸥鹭翔集,令人赏心悦目。

　　湿地公园自建设以来,始终坚持"全面保护、科学恢复、合理利用、持续发展"的方针,积极开展围网拆除、退耕还湿等湿地保护修复工作,不断完善湿地公园观鸟台和标识标牌等基础设施建设。同时,积极开展湿地公园宣教区建设,完成形式多样的湿地科普宣传,努力将嬉子湖打造成沿江湿地保护典范、迁徙鸟类栖息天堂、生态环境宣教基地、桐城文化形象名片。

修复前的湿地公园

修复后的湿地公园

安徽阜南王家坝国家湿地公园

安徽阜南王家坝国家湿地公园位于安徽省阜阳市阜南县境内。湿地公园总面积7054.47 hm²，其中湿地面积6761.71 hm²，湿地率高达95.85%。湿地公园内河流纵横、滩涂密布，拥有河流湿地、人工湿地两类，以及永久性河流、洪泛平原湿地、库塘三种湿地型。

湿地公园建设以来，先后开展了蒙河拓浚、蒙堤道路硬化、上游水系污染治理和植树造林等多项工程。其中蒙河拓浚工程，投资总额14.6亿元，蒙河宽度由原约50 m宽拓宽到150 m宽，起到了水系贯通、驳岸修复的作用；蒙堤道路硬化工程，筹措了6000万元资金，对蒙堤堤顶道路未硬化路面进行了混凝土硬化，方便了水利防汛、湿地巡护和群众出行；对湿地公园上游谷河、界南河等水系，开展的生态驳岸修复、河道清淤等措施，使湿地公园及周边的水生态环境得到明显改善；在蒙河分洪道及上游河流两岸建设的中山杉、杨树等多树种的生态防护林，减轻了湿地公园的面源污染。

为加强湿地公园科研监测，先后与生态环境、水利、气象等部门建成水质、水文、大气等共享监测站点10个，与北京林业大学、南京大学、阜阳师范大学等高校合作，开展了鸟类监测、生物多样性调查等科研监测工作，为湿地公园建设发展积累了大量的技术资料。

湿地公园坚持全面保护与合理利用并重的原则，引导周边居民利用低湿洼地，发展芡实、莲藕等适应性农业种植，促进了区域经济发展。公园里生长的杞柳、菖蒲等湿地植物，被周边群众加工成柳编艺术品，出口到欧美等100多个国家和地区，年产值近亿元，提高了群众经济收入。同时，与木郢村等湿地公园沿线村居建立了社区共建共管机制，通过生态扶贫等方式，聘用周边130名建档立卡贫困人员作为湿地生态护林员，参与湿地巡护，既增加了周边群众收入，又加强了湿地管理。

安徽淮南焦岗湖国家湿地公园

安徽淮南焦岗湖国家湿地公园位于淮南市西南部毛集实验区境内，地处淮河中游左岸，现为国家4A级旅游景区、国家水利风景区。焦岗湖湿地植被丰茂，野生动植物丰富，宛如天赐碧玉，素有"淮河大湿地，安徽焦岗湖"的美誉。

安徽淮南焦岗湖国家湿地公园是淮河流域天然浅水湖泊,由湖泊、河流等湿地类型组成,湿地公园规划面积3267 hm²。现有水生植物122种、鸟类53种、鱼类50种、浮游植物197种、浮游动物65种,国家级及省级保护动植物19种,生物多样性丰富。公园自建设以来,营造了近千米生态护岸,撤网还湖面积达2300 hm²;采取禁渔制度、轮捕制度,控制无序放养和生产作业,促进水生动植物的自然恢复;通过人工种植措施,促使大面积的芡、莲和芦苇群落自然形成,使湿地公园区域内的水生维管植物群落多样性和盖度得到有效提高,形成明显的生态梯度。

焦岗湖国家湿地公园

通过与社区共管共建,有力保证了公园建设的顺利推进。社区把湿地观光、生态养殖与"渔家乐"作为支柱产业,积极主动参与湿地生态保护和湿地公园建设和维护;湿地公园通过改善生态环境,发展生态型和休闲型旅游经济,带动区域经济,增加居民收入。沿湖居民积极参与旅游开发,以湿地观光休闲游、大湖水面亲水游和"渔家乐"旅游等生态旅游活动为主的湿地利用方式实现可持续利用,也促进了湿地公园保护与建设。

安徽石台秋浦河源国家湿地公园

安徽石台秋浦河源国家湿地公园位于石台县境内的秋浦河上游区域,跨大演、横渡、仙寓三个乡镇,规划总长度90 km,总面积1826.44 hm²。这里生态区位重要,野生动植物资源丰富,湿地特征显著,河流形态自然,湿地植被景观保存较好,是长江中下游地区山区河流湿地的典型代表。

　　湿地公园以永续保护秋浦河源湿地生态系统、合理利用秋浦河源湿地生态资源和人文历史风貌资源为目的,开展湿地保护、恢复、宣传、教育、科研、监测、生态旅游等活动,是集河流湿地、农耕湿地、文化湿地于一体的国家湿地公园和省级重要湿地。

秋浦河

　　安徽石台秋浦河源国家湿地公园自建设以来,始终坚持"全面保护、科学修复、合理利用、持续发展"的基本方针,按照总体规划的要求,立足于自身优势和特点,成立管理机构,制定管理办法,保护与修复湿地生态系统,开展基础设施建设,注重科普宣教、科研监测工作,取得了明显成效,为河流型湿地保护与利用积累了丰富的实践经验。

安徽庐阳董铺国家湿地公园

　　安徽庐阳董铺国家湿地公园位于合肥市庐阳区西部,西起南淝河支流汇合口,东至董铺水库大坝,北起三国城路,南达水库水源一级保护区南界。公园为库塘类湿地,规划总面积4667.43 hm²,湿地面积2949.79 hm²,湿地率为63.2%。

　　2014年起,庐阳区以"保护优先、严格管理、系统治理、科学修复、合理利用"的理念,通过退耕还湿、退居还湿、退渔还湿、植被恢复等措施,扩大湿地面积、改善湿地生态功能,增加湿地生物多样性。

董铺水库

通过监测,截至目前湿地公园发现高等植物共86科241属331种,野生脊椎动物25目52科144种,国家重点保护鸟类12种。其中,国家一级保护动物有东方白鹳和白头鹤2种,国家二级保护动物有白琵鹭、小天鹅、鸳鸯、鹗、普通鵟、凤头鹰、红隼、黑鸢、游隼、小鸦鹃等16种,安徽省重点保护鸟类36种。

白头鹤和小天鹅

董铺国家湿地公园位于南淝河的上游,是合肥饮用水源地,其保护修复工作不仅事关巢湖生态屏障建设,也关乎合肥城市饮用水安全。公园建设始终坚持生态优先,将保护放在压倒性位置,从植被恢复、驳岸构建、水系贯通、小微湿地建设等开始,树立尊重自然、顺应自然、保护自然理念。湿地公园划定保育区,安装护栏18.57 km,修复与建设湿地166.61 hm²、涵养林129 hm²,有效保护了饮用水源地及野生动物栖息地安全。

杉林飞凫——罗纹鸭

董铺国家湿地公园自建设以来,紧抓功能定位,从保护修复、环境教育、生态旅游、自然体验等方面,进一步发挥湿地公园建设的生态效益和社会效益。建设室内科普宣教馆1200 m²、保护站2座、科研监测站1座,清退钓鱼场、种猪养殖场约60 hm²。开展生态修复,用于室外科普宣教、生态旅游。强化科技支撑,通过持续的调查监测,构建天地空一体化的监测体系,组成专家咨询委员会、专业人才培训等形式,不断提高湿地建设管理水平。

安徽安庆菜子湖国家湿地公园

安庆菜子湖国家湿地公园位于长江下游北岸的安庆市宜秀区罗岭镇,为安庆市九大通江湖泊之一。作为发育在沿江河谷洼地中的自然浅水湖泊湿地,菜子湖湿地具有代表性、自然性、稀有性和多样性的特点。湿地公园总面积2539 hm²,其中湿地面积2358 hm²,湿地率92.87%。菜子湖是候鸟重要的迁徙停歇地、越冬地和繁殖地,每年吸引着包括东方白鹳、黑鹳、白鹤、白头鹤、白琵鹭等140多种逾十万只的候鸟,被誉为"鸟的天堂"。

鸟的天堂

菜子湖国家湿地公园以菜子湖宽广、清澈的水文景观为主体,以丰富的生物景观和人文景观镶嵌互补,其风景资源的特点可以概括为:水清草美,天蓝地阔,鸟跃鱼鸣,人悠舟闲。这里既有传统的龙舟文化,又是全国五大剧种之一黄梅戏的故乡,同时安庆也是京剧的发源地。

湿地建设把生态保护放在首位,大力做好环境保护、生态修复、科研监测、共管共建等工作,种植落羽杉、水杉、紫云英、荷花等植物,修复湿地近150 hm²,构建优美湿地景观,吸引更多水禽在此栖息,公园生态环境得到进一步优化美化。建成融声、光、电等科技,集科学性、互动性、趣味性于一体的城区首家湿地科普宣教场馆。建成辅以木栈道和生态游道的种植有不同类型的特色水生植物的科普园,通过线上线下开展科普宣传活动共计200余场,受众超过300万人,向公众传递观察、探索、理解湿地的方法,进而促进公众更主动保护湿地、保护自然。聚焦"用绿""活绿",将湿地公园打造成集湿地观光、戏水娱乐、运动健身、婚纱摄影、科普研学、美食购物等主题为一体的大型综合性湿地公园。同时,湿地公园将逐步打造紫云英花海、荷塘月色、四季花田等"打卡地"。

安徽休宁横江国家湿地公园

安徽休宁横江国家湿地公园位于休宁县县域北部,主要包括横江和主要支流夹溪河的干流河道及其两岸湿地、部分林地。西起东亭河与横江交汇口,东达南潜大桥,北至东关碣。河道两岸以道路、堤岸为界,其中海阳段横江右岸包括第一道山脊线内的林地。湿地公园总面积661.09 hm²,其中湿地面积441.28 hm²,湿地率66.75%。

安徽休宁横江国家湿地公园是以保护横江优良水质、保护丰富的动植物资源、保障千岛湖水生态安全为出发点,充分利用良好的湿地资源条件,展示优美的皖南水乡风光和源远流长的横江历史人文景观,开展湿地保育、科研监测和生态旅游等活动,将其建成集湿地保护、横江历史文化展示、科研监测及湿地生态旅游于一体的国家湿地公园。

休宁横江国家湿地公园

湿地公园内动物种类繁多,优良的水环境使得该区域湿地鸟类资源丰富,共有7目13科35种,其中国家一级保护动物有东方白鹳、黄嘴白鹭,国家二级保护动物有鸳鸯;另有哺乳纲6目11科20种,爬行纲2目8科24种,两栖纲2目7科20种,鱼纲5目14科96种。该湿地公园具有较高的湿地野生动植物多样性。

安徽南陵奎湖省级湿地公园

安徽南陵奎湖省级湿地公园位于安徽省芜湖市南陵县北部许镇镇境内,总面积505.37 hm²。2014年6月被批准省级湿地公园试点,2022年3月正式通过验收。

安徽南陵奎湖省级湿地公园充分发掘奎湖湿地特色,开发奎湖泛月、苇海寻踪、菱野飘香、曲苑风荷、塔楼揽秀、东吴水寨、李白饮酒亭等一系列奎湖特有的湿地景观,将湿地保护与修复、科普宣教、科研监测及合理利用、社区融合等方面有机结合,共同奏响了创建省级湿地公园的"五部曲"。

奎　湖

1.加强制度建设,谱好政策"前奏曲"。建设省级湿地公园以来,当地政府针对奎湖出台了一系列恢复湿地、退渔还湿的政策举措,如《关于对县奎湖渔场水面收储的批复》《关于加强奎湖省级湿地公园禁渔禁猎等管理措施的通告》。市、县、镇三级强化统筹调度,共投入资金3亿余元,拆迁房屋96户,拆迁围湖各类养殖家禽户32户,收回水面280 hm²。同时,成立湿地公园管理办公室,制定了《安徽南陵奎湖省级湿地公园管理办法》等制度,规范各项管理工作。同时,将奎湖纳入林长制工作体系,充分落实市、县、镇、村四级林长在推进公园建设管理过程中的作用,用好政策盘活生态资源。

2.优化环境配套,奏响生态"圆舞曲"。奎湖湿地公园建设过程中,严格落实分区管控措施,埋设界碑界桩210个,规范设定湿地公园边界;完善入口游园、公厕、停车位等重要配套设施的补充建设,建成长约12 km的奎湖湿地公园环湖道路;对环湖道路至岸边侧20~50 m不等范围内进行地形梳理、绿化补植、退耕还湿,种植本地适生乔木2500余棵,种植灌木及水生植物8万m²,完成湿地沿岸千亩生态景观修复和水质提升,清除水面外来物种水葫芦千余亩,运用隔离沟、步道、景观石等设施,引导人流远离核心生态区域,保护湿地环境,美化湿地公园整体景观,有效改善了奎湖水面环境。如今,奎湖水质已达到或超过地表水Ⅲ类水质标准,成为皖南地区雁鸭类的主要越冬地之一,小天鹅已连续多年迁徙栖息于此。

3.强化科研监测,齐唱保护"进行曲"。为提升保护能力,奎湖湿地公园依托科技和数字平台,配建野生动物保(救)护站点1个、高清探头20个、水文监测点5个、监测大厅1个,制定科学监测方案,全天候全方位开展湿地监测工作。发挥高校科研优势,与安徽师范大学生命科学学院保持良好合作关系,建立专家咨询制度,定期开展专题科学研究,培养湿地管理的科研技术人才。

4.发挥科教功能,高吟特色"主题曲"。奎湖湿地公园为充分发挥自然保护的宣教功能,改建493.83 m²科普宣教馆,通过场景搭建、标本展出,融合现代声、光、电等技术,打造出一个立体逼真的多媒体展馆,吸引众多游客驻足。同时,该公园通过举办奎湖湿地摄影展、湿地知识讲座、端午民俗文化节等系列文体活动,提高奎湖湿地公园知名度,提升群众湿地保护意识。

5.协调社区关系,共奏文明"交响曲"。在管理上,奎湖湿地公园创新管理机制,协调推进"社区+公园"的共管模式,由当地村民组建成立自然保护志愿者团队,定期开展与湿地保护相关宣传活动,实现共管共治共享。

安徽凤台凤凰湖省级湿地公园

安徽凤台凤凰湖省级湿地公园位于淮南市凤台县凤凰镇境内,总面积508 hm²,其中湿地面积390 hm²。凤凰湖省级湿地公园是皖北典型河流型湿地公园,生态系统保存相对完整,野生动植物资源丰富。其分布有维管植物60科145属共计184种,其中蕨类植物2科2属2种,裸子植物3科3属3种,被子植物55科140属179种,属于国家级二级保护植物1种。脊椎动物共152种,其中鱼类6目13科33种,两栖爬行类3目7科13种,鸟类15目36科90种和兽类5目7科16种,属于国家二级保护动物7

种,安徽省一级保护动物7种,安徽省二级保护动物19种。

　　湿地公园共投入资金3.9亿元,完成了湿地水系保护、水质保护、水岸保护、栖息地(生境)保护及湿地文化保护,湿地水体修复、植被恢复及动物栖息地(生境)恢复良好。

凤凰湖

　　凤凰湖省级湿地公园服务设施和基础设施完善,基本满足保护管理工作的要求。利用凤台县规划馆建设了一个200多 m² 的凤凰湖省级湿地公园科普宣教馆,分设"世界湿地""中国湿地""凤台湿地""美丽的凤凰湖""凤台县林长制改革"5大板块。在宣教展厅还设置了野生动植物标本展区、凤凰湖省级湿地公园微景观,免费对游客开放。

　　凤凰湖省级湿地公园管理机构与周边社区群众建立了良好的伙伴关系。依托凤凰湖省级湿地公园的湿地资源,社区居民通过参与生态旅游经营,种植特色农副产品,改变了居民的就业观念,让居民受益,共享湿地公园建设成果。

　　凤凰湖省级湿地公园建设以保护湿地生态环境为基础,开展凤凰湖流域生态环境综合治理,积极实施基础设施、湿地生态系统保护与修复、湿地科普与宣教、湿地科考与监测等建设。其湿地保护与利用、科普教育、湿地研究、生态观光、休闲娱乐等多种功能已初步呈现。

安徽芜湖东草湖省级湿地公园

安徽芜湖东草湖省级湿地公园位于素有"鸠兹城源"之称的国家级生态镇——安徽省芜湖市湾沚区花桥镇。公园东至裘公河河道分界线,西至下斗坝、梅埠小圩西侧滩地,北至王冲坝,南至桂渡路,总面积210.64 hm²,湿地率为90.64%。

东草湖湿地属于水阳江支流裘公河水系,包括河流湿地、沼泽湿地及库塘湿地等,生物多样性十分丰富。截至目前,分布有脊椎动物33目76科193种,维管束植物86科209属350种。其中,包括国家二级保护动物17种(小天鹅、白额雁、黑鸢等)、省级重点保护动物33种(中国石龙子等)以及国家二级保护植物2种(野大豆和野莲)。

古城楼影横空馆,湿地虫声绕暗廊。东草湖湿地承千年古域之厚重,秉水清岸绿之灵韵,2017年获批为安徽省级湿地公园建设(试点)单位,2018年被湾沚区科技局和教育局列为生态科普教育基地。经过四年多的建设,一个集湿地保护与修复、开发与利用于一体的省级湿地公园呈现在世人眼前。

东草湖

第五节   持续利用的安徽湿地

本节从湿地助推旅游业发展、拓宽湿地周边群众就业渠道、促进传统湿地产业调整、打造湿地生态产品等方面介绍几个成功案例。

社会资本投入湿地保护   带动区域产业全面发展——安徽来安池杉湖国家湿地公园

池杉湖位于安徽省滁州市来安县雷官镇与江苏省南京市六合区陈桥街道的皖苏交界处,拥有长江下游华东地区面积最大的池杉林,具有独特的"水上森林"湿地景观,享有"百鸟天堂"美誉。池杉湖国家湿地公园总面积226.80 hm²,拥有永久性河流、森林沼泽、库塘等多种湿地类型,湿地率达82.93%。

来安县财政投资4900万元新建池杉湖公路桥,实现皖苏两省车辆一站抵达;完成F001施官至大英段农村道路改造,进一步提高池杉湖公园的道路通达性;设立亿元专项债项目,在池杉湖外围流转土地240 hm²,打造特色湿地小镇;建设田园综合体以及文化旅游、特色农业等湿地生态旅游配套工程,提供餐饮、住宿、休闲、研学、科普等配套设施,提升池杉湖国家湿地公园旅游接待能力。

群鸟戏莲

皖苏两省共同建设池杉湖国家湿地公园生态停车场和旅游厕所等配套设施，改扩建道路15 km，新建游客接待中心、综合科普馆、科研基地、研学基地、观鸟中心等设施，面向社会公众尤其是皖苏两地青少年，开办户外讲堂、自然课堂等活动，不断加强跨省文化交流。构建以森林沼泽为主题的湿地生态系统，在湿地生态旅游、科普宣教、科研监测、社区共建、设施建设等方面均取得了明显成效，生态效益、社会效益显著提高。

统筹整合政府与市场资源优势，探索社会资本参与湿地保护修复新路径。充分发挥企业主体作用，企业累计投入3亿多元，搬迁安置湿地周边居民近200户，退渔还湿200余亩，补种池杉树2万余棵；布设边界护栏3500 m，修筑一条长约2000 m、宽50 m、环绕保育区外围的护城河；引进国内外荷莲、睡莲1200余个，建成九曲花海、千亩荷塘等特色景观节点10多处。

荷塘景观

挖掘湿地生态旅游潜力，成功举办五届国际观鸟节、三届荷花文化旅游节，年接待游客近10万人次，年旅游收入超过1000万元。池杉湖国家湿地公园已成为皖苏两省生态文明建设的靓丽名片，是滁州、南京周边著名的生态旅游地，发展出生态旅游、餐饮住宿、生态农业等多种产业经营模式，为周边群众创造100多个固定就业岗位和500多个季节性就业岗位，助力乡村振兴。

发挥湿地资源优势 打造生态产品地理标识——安徽蚌埠三汊河国家湿地公园

安徽蚌埠三汊河湿地公园位于安徽省蚌埠市淮上区的西北部,湿地规划总面积801.5 hm²。2016年8月通过了国家湿地公园试点验收。三汊河湿地是淮河流域湿地中保存较好的一块几乎未受污染的自然湿地,400 hm²芦苇依旧保持着原生态的自然风貌。三汊河湿地周边居民因地制宜,依托湿地资源让集体经济之路在乡村越走越宽,采取多元化发展模式壮大村集体经济规模,促进农民共同富裕,真正做到了发挥湿地生态资源优势,推动乡村经济可持续发展。

美丽的三汊河

一、品牌效益

1.湿地公园管理处注重品牌效益,致力于将"生态产业化、产业生态化"目标逐步向前推进,打响三汊河湿地品牌,"三汊河莲藕"已获地理标志商标。得益于三汊河湿地优质的水土资源,尤其是河流冲积物带来的丰富微量元素,使得三汊河莲藕淀粉含量较其他莲藕高,口感清脆可口,生吃无渣,熟食不变色,煨汤不浑,深受消费者喜爱。"三汊河莲藕"商标以蚌埠市淮上区三汊河莲藕协会为主体申报,依托湿地独特的自然环境,着力打造"三汊河莲藕"品牌,有效提升了特色农产品市场附加值。目前正在积极推进产品上市,进一步挖掘地理标志产品潜力,通过"合作社+农户+商超+微商"运营模式,大力提升品牌影响力,为乡村振兴赋能。

2.通过三汊河生态稻米品牌打开市场影响力。湿地公园管理处下属国有公司利用公园合理利用区2.3hm²农田开展生态有机稻米试种,并冠以"三汊河"商标对外销售。由于不施化肥、农药,只使用有机肥,"三汊河"生态有机稻米不仅在蚌埠地区获得良好口碑,还远销北京。由于受种植面积限制,目前年产量有限,仅5万斤左右,远远供不应求。稻米尚未生产出来,就被客户订购一空。下一步公园管理处计划采用"公司+农户"生产模式和"订单农业"经营模式,有序带动周边农户参与生态有机稻米生产经营。公司提供技术指导,采用高标准农田的模式进行全方位管理,利用科技手段对影响水稻品质的水质、土壤、气候等因素进行监测,全程监管,通过统一种源、统一种植、统一田间管理、统一销售,确保稻米品质,扩大品牌效应,促进周边乡镇农户增收致富,助推乡村振兴。

二、湿地本底资源优势

三汊河湿地游客中心毗邻耕地连片面积大,自然资源丰富,公园管理处因地制宜引导村民种植荷花、稻田养鱼、藕鳖种养、龙虾垂钓,建设"慢城荷园"产业项目。公园管理处帮助村民外销莲子,增加村民收入。

大面积的芦苇荡是三汊河湿地的主要特色,目前正在积极对接安徽大学科研团队,利用芦苇研发适合各种菌类培养的优良基质,一方面促进湿地芦苇更新,一方面为菌类种植农户提供原材料。

芦苇荡

三、助力生态企业

蚌埠市妮菲逸蔬菜种植农民专业合作社，拥有紧邻三汊河湿地的一处绿色种植基地，总面积20.7hm²。基地坚持可持续发展绿色生态种植，主营特色蔬果和时令蔬果，自产自销，现采现送，田间直达，紧密贴合湿地原生态的发展理念。在公园管理处的积极宣传推动下，目前已成为市级农业产业化龙头企业，并获省级大学生创业示范基地、省级标准化蔬菜园区等多项称号，并逐渐发展壮大，产业致富的同时带动周边村民就业增收。

公园管理处积极为湿地周边各种应季蔬果做宣传，利用三汊河微信公众号主推特色农副产品、发布各种奖励活动、科普有机农副产品的特色优势，并将三汊河品牌印刷在农副产品的包装上，实现品牌传播。得益于近两年公园管理处的持续宣传，三汊河湿地假日经济持续走高，为带动本地区假日经济发挥了巨大作用，同时为带动周边乡村逐步走上乡村振兴之路发挥重要作用。

研学教相结合　放大湿地服务潜能——利辛西淝河国家湿地公园

为有效保护湿地，维护湿地生态系统完整性、湿地生物多样性、地表优质饮用水源安全性，2013年4月，利辛县以西淝河中游河段为主体，开展安徽利辛西淝河国家湿地公园试点建设。西淝河国家湿地公园西北至朱集闸，东南至吕台孜大桥，全长27 km，规划总面积958.71 hm²。湿地总面积585.95 hm²，湿地率61.12%。2020年12月，西淝河国家湿地公园通过国家林业和草原局试点验收。7年间，为打造"生态利辛"，利辛县以"湿地保护修复"为抓手，坚持人与自然和谐共生理念，深入践行"两山"理念，因地制宜，以研学教相结合为特色，深入推进湿地保护与恢复，探索出了一条典型性、创新性、可推广的"生态利辛"之路。

一、开展湿地资源本底调查，编制湿地公园总体规划

依托安徽大学资源与环境工程学院、安徽省林业调查规划院、国家林业和草原局调查规划设计院等专家技术团队，深入开展湿地资源本底调查，摸清西淝河朱集闸至吕台孜大桥段及周边湿地植物、鸟类、鱼类、爬行类等自然资源现状与分布。立足利辛西淝河国家湿地公园生态环境现状，统筹发展和保护的关系，将湿地公园划分为保育区、恢复重建区、宣教展示区、合理利用区和管理服务区等五大功能区，科

学编制湿地公园总体规划,为湿地保护、公园建设提供了根本遵循。

二、凸显湿地资源本底特色,推进湿地公园建设

1.凸显地域特色,打造西淝河森林生态廊道。西淝河,《水经·淮水注》称为夏肥水,《明史·地理志》又称西肥水,《清史稿·地理志》改称西淝河,是淮河北岸较大支流之一。作为利辛县境内最大的天然河流,河道大都基本保持原始风貌,沿河两岸密布沟塘渠汊,形成了空间结构复杂、动植物群落丰富的永久性河流湿地,具有典型性、代表性、独特性、多样性,保护价值较高。利辛县坚持全面保护、最小干预、科学修复的建设原则,把西淝河两岸带状绿地作为生态主体和景观载体,不搞大修大建,对原有杨树林带进行更新改造,栽植具有湿地特色的水杉、池杉、落羽杉、乌桕、楝树、水柳等10万多棵,积极打造延绵长27 km、两侧各宽50~100 m、占地600多hm²的西淝河森林生态廊道,形成生物多样、生态自然的完整生态系统。

2.凸显生态属性,打造湿地科普植物园。西淝河湿地公园科普植物园位于马店孜镇双沟社区东侧,东临西淝河,张白行站干渠、团结沟环绕,占地30 hm²。该区域多处岛屿错落有致,空间结构紧凑,既相对独立,又内外互通,具有独特的湿地景观。将此处作为湿地科普植物园的主要载体,合理划分为南、北两个园区。北部区域为原生态水生植物园,以自然保护修复为主,人工修复为辅,保持其原生态风貌,发展自然湿地植物群落。目前,原生态水生植物园内芦苇密布,菖蒲丛生,香樟葱郁,白鹭纷飞,国家二级保护植物野大豆遍布各处,已成为鸟类停栖、觅食的重要场所,是淮北地区不可多得的观鸟场所。南部区域为科普植物园的主要场所,因地制宜,依地造势,进行小微湿地改造,形成一个整体。借鉴园林造园手法,栽植花草树木360余种、挺水植物30余种,所有物种都设置标志牌、悬挂二维码,游客用手机就能学习到系列完整的科学知识。同时,在该区域建设湿地科普展览馆1座,占地面积300 m²,陈设动物标本50种、鸟类标本64种、湿地草本植物标本70余种;建设观鸟台1座,占地100 m²;气象观测站1座,占地667 m²;自动虫害预警预报系统1套,景致十分丰富。

利辛西淝河国家湿地公园研学基地远眺

3.凸显湿地文化,打造湿地研学基地。在湿地科普植物园北部有一处天然岛,占地6 hm²。对原有建筑进行改造、维修,全面建设湿地研学基地,设置访客接待中心1座、湿地学校1座、宣教画廊1座、科研检测站1座、民俗馆1座、研学拓展训练中心1座、湿地书屋1座等。在民俗馆,广泛收集皖北地区农业生产生活器具,展现农耕文化,展示经济社会历史文化变化。在科研监测站,配置有全自动水文水质监测系统、多参数水质分析仪、便携式COD/BOD水质监测仪及望远镜、无人机、高速摄像机等多种现代科学技术仪器和设备。在这里,人们不仅能够亲近自然、回归自然,获得身心的放松和愉悦,也能见证社会的进步,学习感受更多的现代科学技术知识。

利辛西淝河国家湿地公园科普植物园

4.凸显近自然风光,打造榉树生态林。为促进湿地科普植物园、湿地研学基地自然融合农业生产活动,凸显近自然风光,沿西淝河右岸,在湿地科普植物园、湿地研学基地外围,跨双沟及水寨两个村,打造宽200~300 m的榉树生态林,种植榉树、朴树、合欢等乡土树种50多万棵,总占地面积400余hm²,形成环抱式、田园式、自然式的植物群落,淋漓尽致展示田园风光、水系风光、近自然风光。

三、发挥湿地公园功能,开展丰富研学教活动

1.开展湿地动态调查监测,促进科学修复保护。依托湿地科研检测站、气象观测站、虫害预警预报系统、自动化水质检测系统等,常态化开展湿地植物、鸟类、水质、气象、动物疫源疫病、林业有害生物发生情况等科研检测;与安徽大学资源与环境工程学院等科研院校建立合作机制,定期组织开展湿地资源调查监测工作。在逐步掌握本地各类湿地资源的基础上,用调查监测数据指导湿地保护工作。通过科学的保护与修复,西淝河湿地公园水质常年稳定在Ⅲ类水标准以上,为利辛县乃至亳州市提供了稳定安全的高质量地表饮用水源。

2.开展湿地摄影大赛,弘扬湿地文化。2016年以来,利辛县林业局先后联合安徽省摄影家协会、亳州市摄影家协会、利辛县委宣传部、利辛县文联、利辛县摄影家协会、利辛县户外运动协会、利辛县博悦文化旅游有限公司等机关企事业单位、社会组织,多次开展湿地摄影大赛。通过省内外众多摄影爱好者的大力支持和广泛参与,深入挖掘了西淝河湿地公园特色、美景,累计收到各类摄影作品上万幅,其中很多作品不仅发掘了公园特色、亮点,也为西淝河湿地公园宣传、展示提供了良好素材。"皖北水乡秋景如画"航拍作品成果在新华网"飞阅中国"栏目刊登。

3.开展湿地体验活动,普及湿地知识。西淝河国家湿地公园是政府投资实施的大型公益生态修复工程。为促进湿地生态知识普及,利辛县政府投资4000多万元,对西淝河两岸延绵长27 km的路面进行修建改造,沿西淝河森林生态廊道建立步行和自行车道系统,与城市慢行交通网络有机结合,向沿途社区完全开放,周边群众可以随时体验湿地生态。结合"世界湿地日"、全国"爱鸟周"等活动,组织在校学生参观科普植物园、民俗馆、气象监测站、湿地学校等,开展湿地科普宣传。同时,定期举办湿地徒步、湿地文化旅游节等活动,吸引社会各界人士前来湿地公园参观和体验湿地生态,并以此为依托,辐射带动周边旅游路线、旅游产品的形成,带动周边群众致富,助推乡村振兴。截至目前,西淝河湿地公园沿线已成功创建省级森林城镇6个、森林村庄7个,白鹭洲景区已成为国家AAA级水利风景区,"印象江南"生态园已成为亳州市科普基地、全国休闲农业和乡村旅游示范点、国家AAA级风景区,王市生态园业已成为民俗旅游的打卡胜地,与汝集阴阳城遗址、孙庙伍奢冢遗址、淝畔绿洲景区、城北烈士

陵园、马店烈士陵园等形成闭环旅游路线。

安徽利辛西淝河国家湿地公园,水岸蜿蜒,曲径通幽,色彩斑斓、景色宜人,已成为融湿地保护、湿地修复、科普教育、科研监测、湿地体验、湿地文化展示等多功能于一体的利辛生态建设标志性工程。

湿地公园建设 助推乡村民宿发展——安徽含山大渔滩省级湿地公园

2014年含山大渔滩省级湿地公园开展试点建设,2022年通过安徽省林业局试点验收。公园位于含山县陶厂镇关镇村和铜庙村境内,距合芜高速公路含山出入口1 km左右,交通便利。公园面积466.3 hm²,湿地水系西接巢湖,东连长江,是长江下游江淮地区平原与丘陵交汇处的独特性圩区残留湿地。湿地资源丰富,生态系统类型多样,是集涵养水源、休闲娱乐、生态观光、科普教育等多功能为一体的生态湿地。因公园内野莲、野菱颇具特色,被认定为"含山县野菱原生境保护示范区"。

大渔滩省级湿地公园依托特殊的地理区位、丰富的湿地资源和独特的农耕文化,坚持人与自然和谐共生,发展"村集体主导"旅游产业。

2020年,依托大渔滩省级湿地公园湿地资源和省级美丽乡村潘村中心村现有条件,陶厂镇关镇现代农业发展有限公司投资500万元开发潘村民宿项目,并邀请中国美术学院专业团队对民宿进行设计。以"亲子游"和"团建活动"为主方向,以租赁方式改造4栋农户闲置房屋,新建1栋两层框架结构和3栋单体装配式民宿,建设8栋院落。

潘村民宿

目前,项目区内已发展2家农家乐,已建成业态有大渔滩电商小院、田间小火车、五谷杂粮示范园、儿童乐园、垂钓中心、稻田景观、网红铁链桥、趣味观鸟等。2021年12月湿地公园被认定为国家3A级旅游景区。

生态农产品

含山大渔滩省级湿地公园加强乡村共建谋发展。湿地公园周边保留了集农业种植、渔业养殖、产品初加工、生态旅游于一体的生态"农工旅"项目,完成了从传统种植到稻、鱼、蟹立体种养,再到产业融合发展的转型,获得了耕地保护、生态改善、产业提质、农民增收等多重效益。同时,把优质生态产品的综合效益转化为高质量发展的持续动力,实现了生态保护、经济发展、文化传承和村民受益的良性循环。

第三章
湿地面临的威胁

第一节　对湿地的认识

人类对湿地的认识历经曲折。世界各国对湿地的保护大都经历了一个从忽视到认真对待的过程。在古代,东西方对湿地的认识存在着明显的差异。我国对湿地的认识可以上溯至商周时期,在《礼记·王制》《禹贡》《水经注》《徐霞客游记》等地理古籍中有湿地的记载,并赋予不同的名称,反映其特征的差异。据研究,中国是较早关注湿地的国家。我国最早关于湿地的记载出现在《山海经》中。据考证,《山海经》《禹贡》和《周礼》等关于"西海"的描述就是指现在的黑河流域的湿地。《吕氏春秋·义赏》中有云"竭泽而渔,岂不获得,而明年无鱼;焚薮而田,岂不获得,而明年无兽;诈伪之道,虽今偷可,后将无复,非长术也",主张对湿地动植物资源合理利用,实现可持续发展。

相反,西方对湿地的认识则与东方人截然不同。据《圣经》记载,亚当和夏娃被逐出伊甸园后,来到了受诅咒的沼泽地,"那儿长满了荆棘,只能吃沼泽地中的植物"。沼泽地充满了邪恶与危险,和伊甸园的美丽有着天壤之别。受这种思想的影响,西方人一直对湿地充满厌恶和恐惧,认为湿地是"魔鬼的巢穴"。直到近代美国作家亨利·大卫·梭罗的出现,他的一系列著作如《野果》《瓦尔登湖》《康科德河和梅里麦克河上的一星期》等,都描述了湿地独特的景色和在湿地中的生活,从而扭转了上千年来西方人对湿地的偏见,人们才开始慢慢消除了对湿地的畏惧之心。

近代,人们对湿地的价值仍然了解不多,无论是我国还是国外,往往都把湿地当作荒滩和荒地,毫无节制地开发利用,导致大量的湿地资源遭到破坏。

直到20世纪50年代,随着人们对湿地功能、价值等认识的逐渐加深,如湿地可以为人类提供丰富的动植物产品、调节气候、保护物种多样性等,对湿地的保护与合理利用才受到世界各国的重视,人们开始逐步停止对湿地的盲目开发,并积极采取一系列的措施促进湿地的保护与恢复。

第二节 对湿地造成的干扰

湿地破碎

湿地保护与地方经济社会发展之间矛盾仍较突出。工农业生产、基础设施建设、道路桥梁、城市化进程、光伏发电场地、风电场地等导致湿地天然状态受到侵占和分割,生态功能下降。

小微湿地缺少治理

小微湿地和乡村湿地保护模式尚未形成。农村大量小池塘缺少治理主体,逐渐被填塘造地,成为垃圾堆放场所和建设用地,导致许多池塘淤积严重,容积不断缩小,甚至消失。

湿地水文节律紊乱

许多湖泊、河流水位主要受人工调控和来水量变化影响,水位季节性自然波动被打乱。

自净能力下降

水位抬升,沉水植物难以生长,大型光合植物消失严重,导致吸附磷、氮能力减弱,水体自净能力严重不足;枯水期水位过高,露滩时间短、面积小,微生物对污染物的分解作用难以实现。如历史上巢湖植被盖度达25%,而现今湖面植被极其稀少。

湿地污染加剧

湿地污染不仅导致水体质量恶化,也对湿地的生物多样性造成严重危害。稻田等人工湿地面积广大,连年大量使用农药、化肥、除草剂等化学产品,已成为湿地的地面污染源,并影响到内陆和沿海的水体质量。酸雨造成的天然水体酸化现象,对湿地生态系统造成了不同程度的危害。

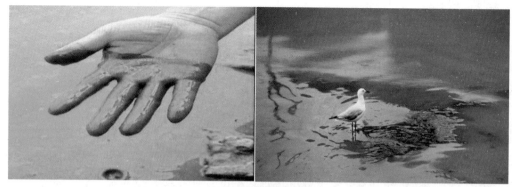

湿地污染

泥沙淤积日益严重

长期以来,一些大江大河上游水源涵养区的森林资源遭到过度砍伐,不仅导致水土流失加剧,还严重影响到江河流域的生态平衡。当河流中的泥沙含量增大后,就会造成水库、湖底和河床的淤积,进而导致湿地面积不断缩小,功能逐渐衰退。2013年,黑龙江、嫩江、松花江发生流域性大洪水,其中黑龙江下游洪水超百年一遇。该洪水的发生与该地区湿地水文发生的变化及湖泊拦蓄洪水功能下降有直接关系。

河流泥沙淤积

外来物种入侵严重

外来物种入侵已经成为21世纪的一大生态难题,其范围遍布全世界,甚至连南极地区都出现了入侵物种。根据IUCN(世界自然保护联盟)的报告,外来入侵物种给全球造成的经济损失每年超过4000亿美元。

入侵途径通常分为有意引入和无意进入两大类。有意引入的如作物、饲料、地被物、园艺和观赏植物等,在引入之后,发生逃逸、归化以至造成危害;无意进入,包括自然传播(风、水等)和人为传播。

人为传播是入侵植物的主要入侵渠道:进口粮食可能夹带杂草种子,进口货物的包装物可能夹带有害物种的种子,船舶往来很容易带来水生植物等。

目前中国确认的外来入侵物种已达544种,其中大面积发生、危害严重的达100多种,每年造成上千亿的经济损失。据统计,近年来入侵中国的外来物种正呈现传入数量增多、传入频率加快、蔓延范围扩大、发生危害加剧、经济损失加重等不良趋势。中国已经成为遭受外来物种入侵危害最严重的国家之一。

福寿螺

巴西龟

水葫芦

常见的湿地外来物种

物种名	拉丁文名	原产地	影响区域	产生的问题
水葫芦	*Eichhornia crassipes*	南美洲	我国中部和南部	漂浮物阻塞湖体,阻碍水路,耗氧,影响鱼类
水浮莲	*Pistia stratiotes*	南美洲	我国中部和南部	能够快速扩散,阻碍水路,耗氧,危害甲壳动物
空心莲子草	*Alternanthera philoxeroides*	南美洲	中国大部分地区	侵占水陆栖息地,抑制其他的草本植物
马缨丹	*Lantana camara*	南美洲	中国大部分地区	形成灌丛,取代其他土著物种
福寿螺	*Pomacea canaliculata*	南美洲	中国中部和南部	毁坏水生植被及水稻
克氏原螯虾	*Procambarus clarkii*	南美洲	中国中部和南部	损坏防洪堤,和当地物种竞争
牛蛙	*Lithobates catesbeianus*	北美洲	中国东部和南部	取食较小的土著两栖类物种
巴西龟	*Trachemys scripta elegans*	北美洲	中国大部分地区	与本土龟类争食;龟类杂交;传播病菌

第三节 湿地的不合理利用

对于湿地的利用,各国都经历了从破坏到保护的过程。19世纪,美国国会颁布了《沼泽地法案》,该法案采用农业补贴等各种激励措施不断促进湿地开发,加速湿地转变成农业用地。芬兰湿地面积非常大,其科研人员多年来开发出一整套的技术和机械设备,将大量的湿地转变为农耕地和林地。

我国东北的三江平原也有大面积的湿地,由于地广人稀,曾被称为"北大荒"。20世纪50年代,政府动员大量的人力、物力和财力来开垦北大荒。在此期间,从国外进口了大量机械设备,将湿地里的水排干,并组建了一大批大型农场,使荒凉无比的"北大荒"变为果实累累的"北大仓"。虽然"北大荒"的建设获得了丰厚的回报,但是也造成了周边环境的恶化,为1988年嫩江和松花江的洪水暴发埋下了隐患。

虽然我国湿地资源的持续利用正在逐步走向规范,但仍有不少的问题需要解决。

对湿地的盲目开垦和改造

曾经的人为向湖滩要粮、与水争地导致大量湿地被耕地占用,后由于耕地实行"占补平衡"原则,又导致被占用的湿地被确认为永久基本农田,最终使得湿地生态空间拓展与基本农田保护等存在矛盾。历史上,由于对湿地进行盲目的农用地开垦,加之城市的开发建设占用了相当部分的天然湿地,直接导致中国天然湿地面积不断消减,功能也相对下降。据相关部门的不完全统计,我国沿海地区丧失的滨海滩涂湿地面积累计约有119万 hm²。就湖泊湿地而言,全国围垦湖泊的总面积约有130万 hm²以上,因围垦而消亡的天然湖泊近1000个,丧失总调蓄容积高达350亿 m³以上,比我国现今五大淡水湖面积之和还要大。围垦不仅导致湖区的水情不断恶化,也造成湖泊对江河供水的调蓄容积直接减少,使洪水出现的频率升高。同时,围垦所引起的湿地用途的改变,导致水生生物丧失了生存栖息的空间,相关的生产活动也失去了发展的场所,如渔业生产、湿地经济植物的栽培种植等。

沼泽湿地蕴含有丰富的泥炭资源,由于不合理的泥炭资源开发和农用地开垦,致使沼泽湿地的面积急剧减少,湿地的生态功能出现明显下降,生物种类减少,生物多样性降低。同时,生态环境恶化现象也相继出现,如水土流失加重、盐渍化、旱灾次数增多、风蚀加重和土壤局部沙化等。

生物资源过度利用

近几十年来,我国许多重要的湖泊和近海都存在着严重的滥捕现象。这不仅破坏了重要的天然鱼类资源,威胁着其他水生物种的安全,也严重影响着这些湿地的生态平衡。近年来,我国许多海域的经济鱼类年捕获量出现明显的下降。同时,渔捕物的种类日渐单一化,种群结构也逐渐趋向低龄化和小型化。

北方沿海的贝壳砂、沙岸以及沼泽湿地中的泥炭资源等,都因不合理的开采而受到破坏。湿地生物多样性对维持湿地生态系统的稳定性和连续性具有重要作用,而过度养殖、捕捞、水位提升等导致湿地植被退化严重,特别是沉水植物极少、湿地水禽数量下降,严重影响湿地生态系统自然演替。

湿地锐减危及鸟类生存,候鸟将失去暂居地。有些水鸟的繁殖或者栖息地十分有限,如丹顶鹤,它的繁殖地主要在黑龙江三江平原的沼泽地或者芦苇地里面,若是这些地方遭到严重破坏,它们将会迎来厄运。由于路途遥远,对于多数水鸟而言,直接飞越太平洋根本不可能,因此中国漫长的海岸线滩涂湿地成了它们中途重要的停歇地。鸻鹬类水鸟基本不会游泳,只能在滩涂湿地上寻找食物,如果这些滩涂湿地普遍遭到破坏,缺少食物,这些鸻鹬类水鸟的正常迁徙就会出现很大的问题。

湿地水资源的不合理利用

作为居民生活和工农业生产等的主要水源供给地,对湿地水资源的过度及不合理的利用,已经导致中国湿地的供水能力受到重大影响。

西北、华北的部分地区,因为过度开采地下水或从湿地中取水,使湿地水文受到威胁。例如,西北地区的黑河、塔里木河等一些重要的内陆河,由于水资源的不合理利用,导致下游地区水源供应严重不足,大量植被因缺水死亡,沙进人退的现象再次重演。西北地区的湖泊也因为上游地区不加节制的截水灌溉而导致湖泊面积大幅度萎缩,水质出现咸化现象。玛纳斯湖,位于新疆维吾尔自治区准噶尔盆地西部,20世纪50年代,玛纳斯湖面积为550 km²,到了20世纪60年代,由于无节制的农业垦荒和截水灌溉,注入该湖的河道逐步断流。1999年以来,石河子垦区将每年滴灌节约的2亿 m³水输向玛纳斯河流域下游,目前玛纳斯湖湿地面积已超过100 km²。

除此之外,部分水利工程的建设也隔断了河流与湖泊、沼泽等湿地天然水体之间的联系;挖沟排水,又使湿地不断疏干,导致湿地水文出现剧烈变化,轻则功能下降,重则湿地消失。有些水利工程造成中下游地区大部分湖泊与江河之间的水体联系隔断,长江的鱼、鳗、蟹等苗种不能进入湖泊,湖区的鱼类也无法溯江进行正常的产卵繁殖,直接导致水产资源大大下降,而其潜在的危害目前尚无法估量。

第四章
湿地保护

第一节　我国湿地的保护现状

国际上第一个自然保护区始建于1872年,而我国第一个自然保护区建于1956年,相差84年;对湿地的保护,欧美国家也起步较早,始于20世纪50年代,我国开展湿地保护始于20世纪90年代。自1992年加入《湿地公约》之后,我国加强了重要湿地、湿地类型自然保护区和湿地公园建设,湿地保护取得显著成效。

国家重要湿地

根据湿地功能和效益的重要性,凡符合下列任一指标被视为具有国家重要意义的湿地,即国家重要湿地。国家重要湿地认定和发布原则上采用申报制。

1.具有某一生物地理区的自然或近自然湿地的代表性、稀有性或独特性的典型湿地;

2.支持着易危、濒危、极度濒危物种或者受威胁的生态群落;

3.支持着对维护一个特定生物地理区的生物多样性具有重要意义的植物或动物种群;

4.支持动植物种生命周期的某一关键阶段或在对动植物种生存不利的生态条件下对其提供庇护场所;

5.定期栖息有2万只或更多的水鸟;

6.定期栖息的某一水鸟物种或亚种的个体数量,占该种群全球个体数量的1%以上;

7.栖息着本地鱼类的亚种、种或科的绝大部分,其生命周期的各个阶段、种间或种群间的关系对维护湿地效益和价值方面具有典型性,并因此有助于生物多样性保护;

8.是鱼类的一个重要食物场所,并且是该湿地内或其他地方的鱼群依赖的产卵场、育幼场或洄游路线;

9.定期栖息某一依赖湿地的非鸟类动物物种或亚种的个体数量,占该种群全球个体数量的1%以上;

10.分布在河流源头区或其他重要水源地,具有重要生态学或水文学作用的湿地;

11.具有中国特有植物或动物物种分布的湿地;

12.具有显著的历史或文化意义的湿地。

目前,我国已发布第一批国家重要湿地名录,共29处。

拓展阅读

国际重要湿地

加入《湿地公约》30年来,我国将具有国际保护意义的湿地列入国际重要湿地名录,使许多重要湿地得到抢救性保护,为全球湿地保护和合理利用事业作出了重要贡献。截至2022年底,我国有国际重要湿地64处,其中内地63处、香港1处。国际重要湿地依法列入国家重要湿地名录。

湿地调查监测

国家湿地公园

国家湿地公园建设已成为全面保护湿地和扩大湿地保护面积的有效措施,成为开展湿地保护与合理利用的有效方式,保护了湿地资源,改善了民生,拓宽了就业,增强了百姓福祉。全国已建国家湿地公园901处。

拓展阅读

国际湿地城市

国际湿地城市是指按照《关于特别是作为水禽栖息地的国际重要湿地公约》决议规定的程序和要求,由成员国政府提名,经《湿地公约》国际湿地城市认证独立咨询委员会批准,颁发"国际湿地城市"认证证书的城市。"国际湿地城市"代表一个城市对湿地生态保护的最高成就和荣誉。

申报国际湿地城市要求行政区域内应当至少有一处国家重要湿地(含国际重要湿地);区域湿地资源禀赋较好,满足滨海城市湿地率≥10%,或者内陆平原城市湿地率≥7%,或者内陆山区城市湿地率≥4%,且湿地面积3年内不减少,湿地保护率不低于50%。

全球43个国际湿地城市中,我国占13个,数量位居第一。2018年,我国湖南常德、江苏常熟、山东东营、黑龙江哈尔滨、海南海口、宁夏银川6座城市入选首批国际湿地城市名单。2022年,安徽合肥、山东济宁、重庆梁平、江西南昌、辽宁盘锦、湖北武汉、江苏盐城7个城市入选第二批国际湿地城市名单。

我国湿地保护的历程

1992年,我国政府加入了《湿地公约》。这是一个重要里程碑,推进了中国湿地保护的进程。

1994年,我国政府将"中国湿地保护与合理利用"项目纳入中国21世纪议程优先项目计划,把我国的湿地保护提到了优先发展的地位。

2000年,《中国湿地保护行动计划》开始实施,成为我国实施湿地保护、管理和可持续利用的行动指南。

2004年6月,国务院办公厅印发《关于加强湿地保护管理的通知》。这是我国政府首次明文规范湿地保护和管理工作。

2004年12月,湿地国际授予中华人民共和国国家林业局"全球湿地保护与合理利用杰出成就奖",中国湿地保护的成就获得了国际社会的普遍认可。

2013年3月,国家林业局令第32号公布《湿地保护管理规定》,2017年12月国家林业局令第48号修改。

2016年11月,国务院办公厅印发《湿地保护修复制度方案》。

2017年12月,国家林业局印发《国家湿地公园管理办法》。

2021年12月24日,中华人民共和国第十三届全国人民代表大会常务委员会第三十二次会议通过《中华人民共和国湿地保护法》,自2022年6月1日起施行。

第二节 保护湿地的武器

我国政府高度重视湿地保护工作,自加入《湿地公约》以来,已逐步建立健全湿地保护修复政策法规体系,采取一系列的保护修复措施。

我国已颁布的与湿地保护管理相关的法规有《中华人民共和国湿地保护法》《中华人民共和国长江保护法》《中华人民共和国自然保护区条例》《国家级自然公园管理办法(试行)》等。

《中华人民共和国湿地保护法》相关规定

一、立法意义

2021年12月24日,《中华人民共和国湿地保护法》已由中华人民共和国第十三届全国人民代表大会常务委员会第三十二次会议通过,自2022年6月1日起施行。这是我国首部专门保护湿地的法律,第一次从湿地生态系统的整体性和系统性角度进行立法,填补我国生态系统立法空白。

二、立法目的

为了加强湿地保护,维护湿地生态功能及生物多样性,保障生态安全,促进生态文明建设,实现人与自然和谐共生。

三、湿地保护原则

湿地保护应当坚持保护优先、严格管理、系统治理、科学修复、合理利用的原则,发挥湿地涵养水源、调节气候、改善环境、维护生物多样性等多种生态功能。

四、湿地概念

指具有显著生态功能的自然或者人工的、常年或者季节性积水地带、水域,包括低潮时水深不超过六米的海域,但是水田以及用于养殖的人工的水域和滩涂除外。国家对湿地实行分级管理及名录制度。

五、湿地保护方式

省级以上人民政府及其有关部门根据湿地保护规划和湿地保护需要,依法将湿地纳入国家公园、自然保护区或者自然公园。

六、部门分工负责湿地保护修复的管理体制

国务院林业草原主管部门负责湿地资源的监督管理,负责湿地保护规划和相关国家标准拟定、湿地开发利用的监督管理、湿地生态保护修复工作。国务院自然资源、水行政、住房城乡建设、生态环境、农业农村等其他有关部门,按照职责分工承担湿地保护、修复、管理有关工作。

七、县级以上人民政府保护管理职责

县级以上人民政府应当将湿地保护纳入国民经济和社会发展规划,并将开展湿地保护工作所需经费按照事权划分原则列入预算。

县级以上地方人民政府对本行政区域内的湿地保护负责,采取措施保持湿地面积稳定,提升湿地生态功能。

乡镇人民政府组织群众做好湿地保护相关工作,村民委员会予以协助。

县级以上地方人民政府应当加强湿地保护协调工作。县级以上地方人民政府有关部门按照职责分工负责湿地保护、修复、管理有关工作。

各级人民政府应当加强湿地保护宣传教育和科学知识普及工作,通过湿地保护日、湿地保护宣传周等开展宣传教育活动,增强全社会湿地保护意识。

教育主管部门、学校应当在教育教学活动中注重培养学生的湿地保护意识。

八、湿地面积总量管控制度

将湿地面积总量管控目标纳入湿地保护目标责任制。

国务院林业草原、自然资源主管部门会同国务院有关部门根据全国湿地资源状况、自然变化情况和湿地面积总量管控要求,确定全国和各省、自治区、直辖市湿地面积总量管控目标,报国务院批准。地方各级人民政府应当采取有效措施,落实湿地面积总量管控目标的要求。

九、分级管理及名录制度

国家对湿地实行分级管理,按照生态区位、面积以及维护生态功能、生物多样性的重要程度,将湿地分为重要湿地和一般湿地。重要湿地包括国家重要湿地和省级重要湿地,重要湿地以外的湿地为一般湿地。重要湿地依法划入生态保护红线。

国务院林业草原主管部门会同国务院自然资源、水行政、住房城乡建设、生态环境、农业农村等有关部门发布国家重要湿地名录及范围,并设立保护标志。国际重要湿地应当列入国家重要湿地名录。

省、自治区、直辖市人民政府或者其授权的部门负责发布省级重要湿地名录及范围,并向国务院林业草原主管部门备案。

一般湿地的名录及范围由县级以上地方人民政府或者其授权的部门发布。

十、湿地资源调查评价制度

国务院自然资源主管部门应当会同国务院林业草原等有关部门定期开展全国湿地资源调查评价工作,对湿地类型、分布、面积、生物多样性、保护与利用情况等进行调查,建立统一的信息发布和共享机制。

十一、严格控制占用湿地

国家严格控制占用湿地。禁止占用国家重要湿地,国家重大项目、防灾减灾项目、重要水利及保护设施项目、湿地保护项目等除外。

建设项目选址、选线应当避让湿地,无法避让的应当尽量减少占用,并采取必要措施减轻对湿地生态功能的不利影响。建设项目规划选址、选线审批或者核准时,涉及国家重要湿地的,应当征求国务院林业草原主管部门的意见;涉及省级重要湿地或者一般湿地的,应当按照管理权限,征求县级以上地方人民政府授权的部门的意见。

建设项目确需临时占用湿地的,应当依照《中华人民共和国土地管理法》《中华人民共和国水法》《中华人民共和国森林法》《中华人民共和国草原法》《中华人民共和国海域使用管理法》等有关法律法规的规定办理。临时占用湿地的期限一般不得超过两年,并不得在临时占用的湿地上修建永久性建筑物。临时占用湿地期满后一年内,用地单位或者个人应当恢复湿地面积和生态条件。

十二、湿地占补平衡和湿地恢复费制度

除因防洪、航道、港口或者其他水工程占用河道管理范围及蓄滞洪区内的湿地外,经依法批准占用重要湿地的单位应当根据当地自然条件恢复或者重建与所占用湿地面积和质量相当的湿地;没有条件恢复、重建的,应当缴纳湿地恢复费。缴纳湿地恢复费的,不再缴纳其他相同性质的恢复费用。

十三、重要湿地动态监测和评估、预警制度

国务院林业草原主管部门应当按照监测技术规范开展国家重要湿地动态监测,及时掌握湿地分布、面积、水量、生物多样性、受威胁状况等变化信息。

省、自治区、直辖市人民政府林业草原主管部门应当按照监测技术规范开展省级重要湿地动态监测、评估和预警工作。

县级以上地方人民政府林业草原主管部门应当加强对一般湿地的动态监测。

湿地巡护员培训

十四、湿地用途监管制度

禁止下列破坏湿地及其生态功能的行为：

（一）开（围）垦、排干自然湿地，永久性截断自然湿地水源；

（二）擅自填埋自然湿地，擅自采砂、采矿、取土；

（三）排放不符合水污染物排放标准的工业废水、生活污水及其他污染湿地的废水、污水，倾倒、堆放、丢弃、遗撒固体废物；

（四）过度放牧或者滥采野生植物，过度捕捞或者灭绝式捕捞，过度施肥、投药、投放饵料等污染湿地的种植养殖行为；

（五）其他破坏湿地及其生态功能的行为。

十五、湿地生态保护补偿制度

国务院和省级人民政府应当按照事权划分原则加大对重要湿地保护的财政投入，加大对重要湿地所在地区的财政转移支付力度。

国家鼓励湿地生态保护地区与湿地生态受益地区人民政府通过协商或者市场机制进行地区间生态保护补偿。

因生态保护等公共利益需要，造成湿地所有者或者使用者合法权益受到损害的，县级以上人民政府应当给予补偿。

十六、湿地保护目标责任制

国家实行湿地保护目标责任制，将湿地保护纳入地方人民政府综合绩效评价内容。

对破坏湿地问题突出、保护工作不力、群众反映强烈的地区，省级以上人民政府林业草原主管部门应当会同有关部门约谈该地区人民政府的主要负责人。

十七、湿地保护协作和信息通报机制

国务院林业草原主管部门会同国务院自然资源、水行政、住房城乡建设、生态环境、农业农村等主管部门建立湿地保护协作和信息通报机制。

十八、纳入领导干部自然资源资产离任审计

湿地的保护、修复和管理情况，应当纳入领导干部自然资源资产离任审计。

十九、监督检查制度

县级以上人民政府林业草原、自然资源、水行政、住房城乡建设、生态环境、农业农村主管部门应当依照本法规定,按照职责分工对湿地的保护、修复、利用等活动进行监督检查,依法查处破坏湿地的违法行为。

县级以上人民政府林业草原、自然资源、水行政、住房城乡建设、生态环境、农业农村主管部门进行监督检查,有权采取下列措施:

(一)询问被检查单位或者个人,要求其对与监督检查事项有关的情况作出说明;

(二)进行现场检查;

(三)查阅、复制有关文件、资料,对可能被转移、销毁、隐匿或者篡改的文件、资料予以封存;

(四)查封、扣押涉嫌违法活动的场所、设施或者财物。

二十、法律责任制度

《中华人民共和国湿地保护法》规定的行政处罚较为严厉。

第五十二条规定,违反本法规定,建设项目擅自占用国家重要湿地的,由县级以上人民政府林业草原等有关主管部门按照职责分工责令停止违法行为,限期拆除在非法占用的湿地上新建的建筑物、构筑物和其他设施,修复湿地或者采取其他补救措施,按照违法占用湿地的面积,处每平方米一千元以上一万元以下罚款;违法行为人不停止建设或者逾期不拆除的,由作出行政处罚决定的部门依法申请人民法院强制执行。

第五十四条规定,违法开(围)垦、填埋自然湿地的,由县级以上人民政府林业草原等有关主管部门按照职责分工责令停止违法行为,限期修复湿地或者采取其他补救措施,没收违法所得,并按照破坏湿地面积,处每平方米五百元以上五千元以下罚款;破坏国家重要湿地的,并按照破坏湿地面积,处每平方米一千元以上一万元以下罚款。

违法排干自然湿地或者永久性截断自然湿地水源的,由县级以上人民政府林业草原主管部门责令停止违法行为,限期修复湿地或者采取其他补救措施,没收违法所得,并处五万元以上五十万元以下罚款;造成严重后果的,并处五十万元以上一百万元以下罚款。

第五十五条规定,违反本法规定,向湿地引进或者放生外来物种的,依照《中华人民共和国生物安全法》等有关法律法规的规定处理、处罚。《中华人民共和国生物安全法》第六十条规定,任何单位和个人未经批准,不得擅自引进、释放或者丢弃外来物种。《中华人民共和国生物安全法》第八十一条规定,未经批准,擅自引进外来物种的,由县级以上人民政府有关部门根据职责分工,没收引进的外来物种,并处五万元以上二十五万元以下的罚款。未经批准,擅自释放或者丢弃外来物种的,由县级以上人民政府有关部门根据职责分工,责令限期捕回、找回释放或者丢弃的外来物种,处一万元以上五万元以下的罚款。

《中华人民共和国刑法》第三百四十四条之一规定:违反国家规定,非法引进、释放或者丢弃外来入侵物种,情节严重的,处三年以下有期徒刑或者拘役,并处或者单处罚金。

拓展阅读

2022年8月,河南省汝州市城市公园云禅湖围捕"怪鱼"引发社会关注。云禅湖出现的"怪鱼"已被捕获,确认为2条外来生物鳄雀鳝,系工作人员连夜在涵洞中找到。2条鳄雀鳝已无害化处理,并对湖区进行了消毒。2022年夏季,多地在湖泊中抓到鳄雀鳝,让很多人知道了这种外来生物。鳄雀鳝,原产于美洲,身体覆盖菱形硬鳞,口部形态长而尖,因形似鳄鱼而得名。鳄雀鳝体型怪异,为了迎合一些人的猎奇需求被作为观赏鱼引入国内,并通过线上线下方式销售,在一些花鸟市场、电商渠道可以低价购买鳄雀鳝鱼苗。鳄雀鳝食量大、生长速度快,一般水族缸无法容纳或养殖费用高,加之其肉质不佳、卵有剧毒不宜食用,被部分养殖者放生或丢弃至户外水体的情况时有发生。

2022年8月25日,桂平市农业农村局在西山景区的配合下,在景区莲池内捕获2条鳄雀鳝、20多只巴西龟和约70 kg罗非鱼,这些外来入侵水生动物疑人为放生。

2022年4月,贵州省铜仁市万山区农业农村局处理一起投放镜鲤(又名三花鲤鱼、德国鲤鱼)外来水生物种案,当事人被罚款1万元。经调查:2022年4月8日,王某等2人在万山区黄道乡便水溪水域"放生"镜鲤20kg。万山区农业农村局接报后,会同市农业农村局专家,立即前往事发水域开展现场调查。万山区农业农村局监督当事人采取了事发水域上下游安装网具、回捕、对回捕的镜鲤无害化处理等紧急处理措施,并依据《中华人民共和国长江保护法》《长江水生生物保护管理规定》对王某等2人作出罚款1万元的决定。镜鲤属外来水生物种,是欧洲鲤鱼的变种,原产于德国巴伐利亚州,在20世纪80年代初期开始引入中国。研究显示,镜鲤的生长速度是普通鲤鱼的1.2~1.3倍,生长优势明显,生态竞争力更强,给铜仁市的土著鱼类带来了巨大的竞争压力。镜鲤等外来水生物种入侵天然水域,和野生的鲤鱼发生杂交,会导致纯种基因被严重污染。这种基因水平上的伤害更为致命,影响时间更持久,是人工增殖放流等常规手段难以弥补的。

《中华人民共和国自然保护区条例》相关规定

第二条 本条例所称自然保护区,是指对有代表性的自然生态系统、珍稀濒危野生动植物物种的天然集中分布区、有特殊意义的自然遗迹等保护对象所在的陆地、陆地水体或者海域,依法划出一定面积予以特殊保护和管理的区域。

第十八条 自然保护区可以分为核心区、缓冲区和实验区。

自然保护区内保存完好的天然状态的生态系统以及珍稀、濒危动植物的集中分布地,应当划为核心区,禁止任何单位和个人进入;除依照本条例第二十七条的规定经批准外,也不允许进入从事科学研究活动。

核心区外围可以划定一定面积的缓冲区,只准进入从事科学研究观测活动。

缓冲区外围划为实验区,可以进入从事科学试验、教学实习、参观考察、旅游以及驯化、繁殖珍稀、濒危野生动植物等活动。

原批准建立自然保护区的人民政府认为必要时,可以在自然保护区的外围划定一定面积的外围保护地带。

第二十六条　禁止在自然保护区内进行砍伐、放牧、狩猎、捕捞、采药、开垦、烧荒、开矿、采石、挖沙等活动;但是,法律、行政法规另有规定的除外。

第二十七条　禁止任何人进入自然保护区的核心区。因科学研究的需要,必须进入核心区从事科学研究观测、调查活动的,应当事先向自然保护区管理机构提交申请和活动计划,并经自然保护区管理机构批准;其中,进入国家级自然保护区核心区的,应当经省、自治区、直辖市人民政府有关自然保护区行政主管部门批准。

自然保护区核心区内原有居民确有必要迁出的,由自然保护区所在地的地方人民政府予以妥善安置。

《国家级自然公园管理办法(试行)》相关规定

第二条　本办法所称国家级自然公园,是指经国务院及其部门依法划定或者确认,对具有生态、观赏、文化和科学价值的自然生态系统、自然遗迹和自然景观,实施长期保护、可持续利用并纳入自然保护地体系管理的区域。

国家级自然公园包括国家级风景名胜区、国家级森林公园、国家级地质公园、国家级海洋公园、国家级湿地公园、国家级沙漠(石漠)公园和国家级草原公园。

第五条　国家级自然公园应当纳入生态保护红线。

建设国家级自然公园,应当坚持保护优先、科学规划、多方参与、合理利用、可持续发展的原则,统筹做好国土生态安全、生物安全等多目标融合。

第十四条　国家级自然公园按照一般控制区管理,可结合自然公园规划编制,分区细化差别化的管理要求。

国家级自然公园根据资源禀赋、功能定位和利用强度,可以规划生态保育区和合理利用区,统筹生态保护修复、旅游活动和资源利用,合理布局相关基础设施、服务设施及配套设施建设,加强精细化管理,实现生态保护、绿色发展、民生改善相统一。规划的活动和设施应当符合本办法第十九条的管控要求。

生态保育区以承担生态系统保护和修复为主要功能,可以规划保护、培育、修复、管理活动和相关的必要设施建设,以及适度的观光游览活动。根据保护管理需要,可以在生态保育区内划定不对公众开放或者季节性开放区域。

合理利用区以开展自然体验、科普教育、观光游览、休闲健身等旅游活动为主要功能,兼顾自然公园内居民和其他合法权益主体的正常生产生活和资源利用。不得规划房地产、高尔夫球场、开发区等开发项目以及与保护管理目标不一致的旅游项目。严格控制索道、滑雪场、游乐场以及人造景观等对生态和景观影响较大的建设项目,确需规划的,应当附专题论证报告。

第十八条 严格保护国家级自然公园内的森林、草原、湿地、荒漠、海洋、水域、生物等珍贵自然资源,以及自然遗迹、自然景观和文物古迹等人文景观。在国家级自然公园内开展相关活动和设施建设,不得擅自改变其自然状态和历史风貌。

禁止擅自在国家级自然公园内从事采矿、房地产、开发区、高尔夫球场、风力光伏电场等不符合管控要求的开发活动。禁止违规侵占国家级自然公园,排放不符合水污染物排放标准的工业废水、生活污水及其他的废水、污水,倾倒、堆放、丢弃、遗撒固体废物等污染生态环境的行为。

第十九条 国家级自然公园范围内除国家重大项目外,仅允许对生态功能不造成破坏的有限人为活动:

(一)自然公园内居民和其他合法权益主体依法依规开展的生产生活及设施建设。

(二)符合自然公园保护管理要求的文化、体育活动和必要的配套设施建设。

(三)符合生态保护红线管控要求的其他活动和设施建设。

(四)法律法规和国家政策允许在自然公园内开展的其他活动。

湿地保护其他措施

一、建立湿地类型自然保护地

建立湿地类型自然保护区、湿地公园、湿地保护小区等,是保护湿地原生态的有效举措。

二、实施湿地保护修复工程

对湿地生态服务功能退化的湿地,通过实施湿地保护修复工程,恢复湿地生态功能,丰富湿地生物多样性。具体措施包括封山育林、退耕还林,减少水土流失,建立鱼类洄游通道,拆除养殖围网,调整种植(养殖)结构模式,生态换水,野生动植物栖息地再造,生物廊道构建,有害生物清除(如水花生、凤眼莲等),利用湿地植物净化水体(如芦苇、香蒲、菹草等)。近年来,合肥市大力实施环巢湖十大湿地保护修复工程,开展"退耕""退渔""退建""退居"工作。环巢湖十大湿地建设以来,维管束植物和鸟类的种类与数量,以及湿地植被面积均显著增加,年净化水量达4亿吨,蓄洪量达2.3亿吨,取得显著生态效益。

三、加强湿地科研监测

开展湿地生态系统保护修复、合理利用、碳汇交易等系列课题研究,推进湿地保护修复标准化建设;开展湿地生态状况监测评估和生态风险预警,提高湿地监测巡护能力。

四、控制外来物种

生态系统是经过长期进化形成的,系统中的物种经过成百上千年的竞争、排斥、适应和互利互助,才形成了现在相互依赖又互相制约的密切关系。一个外来物种引入后,有可能因不能适应新环境而被排斥在系统之外,也有可能因新的环境中没有相抗衡或制约它的生物而肆意生长;若新环境没有天敌的控制,加上旺盛的繁殖力和强大的竞争力,外来种就会变成入侵者,排挤环境中的原生种,破坏当地生态平衡,甚至造成对人类经济的危害性影响。放生以求"福报"的传统自古有之,求"福报"的放生者很多,但事实上放生是一项专业行为,对物种种群、检疫隔离都有严格要求,随意放生会对当地生物多样性造成恶劣影响。《中华人民共和国长江保护法》规定,禁止在长江流域开放水域养殖、投放外来物种或者其他非本地物种种质资源。

第三节　行动起来,保护我们的湿地

湿地是全人类共同的财富,每一个人都有责任保护湿地资源。对于社会公众而言,或许我们无法做到太有影响力的事情,但是我们可以从日常生活中尽力做到保护湿地资源,保护我们未来生活。

政府如何尽职

1.制定湿地保护修复相关文件;

2.出台湿地保护激励政策;

3.编制湿地保护规划;

4.开展湿地普法宣传;

5.增加湿地保护投入；

6.严格依法行政；

7.严厉打击破坏湿地违法犯罪行为。

湿地科普

企业如何尽责

1.尽可能减少水泥或砖石硬化湿地驳岸；

2.旅游景点少修或不修水泥道路,尽可能用渗水材料；

3.河流岸边进行工程建设时,禁止向自然水体中倾倒建筑垃圾,禁止用建筑垃圾阻断溪流；

4.减少水电站修建,确需修建时,应考虑生态流量；

5.禁止擅自在河流或溪流里挖砂；禁止船只向自然水体中倾倒垃圾；

6.积极参加湿地碳汇交易,认购湿地碳汇；

7.认养小微湿地,恢复湿地植被,修复湿地功能；

8.优先吸纳湿地周边社区群众用工,推动产业转移发展；

9.落实"谁破坏、谁修复""谁受益、谁补偿"制度。企业主动对因生产造成的湿地损害进行修复,或对因保护湿地利益受损区域进行补偿；

10.落实占补平衡制度:建设项目选址、选线应当避让湿地;无法避让的应当尽量减少占用,并采取必要措施减轻对湿地生态功能的不利影响;经依法批准占用重要湿地的单位应当根据当地自然条件恢复或者重建与所占用湿地面积和质量相当的湿地;没有条件恢复、重建的,应当主动缴纳湿地恢复费;

11.不超出湿地承载力:在湿地范围内从事旅游、种植、畜牧、水产养殖、航运等利用活动,应当避免改变湿地的自然状况,不超出湿地承载力,科学确定利用方式、强度和时限,并采取措施减轻对湿地生态功能的不利影响。

大众如何尽心

1.不填埋、侵占湿地建设房屋;

2.不将荒滩开垦成农用地;

3.不排干湿地,改变湿地水位;

4.道路、桥梁等工程建设尽可能避让湿地;

5.在湿地公园或自然保护区旅游时,不乱扔垃圾;

6.不向湿地中乱倒垃圾;

7.生活污水及厕所废水不直接流入自然水体中;

8.不驱赶鸟类,不向湿地中鸟类投食;

9.禁止电打鱼或毒鱼;不用迷魂阵、密眼网具捕鱼,不用密集网箱从事水产养殖;

10.禁止网捕鸟类,禁止向岸边或重要湿地周边的庄稼地投放烈性农药,禁止毒杀捕食的鸟类;

11.禁止在河流漫滩草地中放牧、开垦;

12."农家乐"产生的生活污水可通过人工湿地净化后,排入水体,即给"农家乐安个肾";

13.向周边的人宣传湿地保护的重要性。